KB252647

노벨상 한눈에 보기, 노벨 과학상 업적 파헤치기

미래를 바꾸는 노벨상 2025

미래를 바꾸는 노벨상 2025

초판 1쇄 발행 2026년 2월 25일

글쓴이	이충환·이종림·오혜진
펴낸이	이경민

편집	오경희
디자인	책은우주다

펴낸곳	㈜동아엠앤비
출판등록	2014년 3월 28일(제25100-2014-000025호)

주소	(03972) 서울특별시 마포구 월드컵북로22길 21, 2층
홈페이지	www.dongamnb.com
블로그	https://blog.naver.com/damnb0401
전화	(편집) 02-392-6901 (마케팅) 02-392-6900
팩스	02-392-6902
전자우편	damnb0401@naver.com
SNS	

ISBN 979-11-6363-695-3 (43400)

노벨상 한눈에 보기, 노벨 과학상 업적 파헤치기

미래를 바꾸는 노벨상 2025

이충환
이종림
오혜진
지음

Nobel Prize
2025

동아 엠앤비

아직 오지 않은,
그러나 이미 자라고 있는 '첫 번째' 당신에게

2025년의 가을, 스웨덴에서 들려온 소식들이 여전히 우리를 설레게 했습니다. 인류가 직면한 질병을 정복하고, 기후 및 환경 문제의 해법을 모색하며, 미지의 세계를 향해 한 걸음 더 나아간 과학자들의 이야기는 그 자체로 한 편의 거대한 드라마였습니다. 이 책은 2025년, 인류 지성의 최전선에서 빛난 그들의 치열한 고민과 눈부신 성취를 기록했습니다.

이 책을 쓴 진짜 이유는 단순히 위대한 업적을 나열하기 위해서가 아닙니다. 이 책의 마지막 장을 덮을 때쯤, 당신의 가슴 속에 '빈 의자' 하나를 남겨 두고 싶었기 때문입니다. 한국인 최초 노벨 과학상 수상자가 될 당신에게 주어질 자리 말입니다.

우리는 이미 그 가능성을 보았습니다. 2000년 노벨 평화상, 2024년 노벨 문학상 수상을 통해 한국인의 언어와 사상이 세계의 중심에서 공명할 수 있음을 확인했습니다. 문화와 예술, 기술 분야에서 대한민국은 이미 세계를 선도하고 있습니다. 그러나 유독 과학 분야 노벨상 시상식장의 자리만큼은 아직 우리의 이름을 허락하지 않았습니다.

누군가는 이것을 아쉬움이라 말하고, 누군가는 한계라고 말합니다. 하지만 우리는 이것을 '가능성'이라고 부르고 싶습니다. 아직 아무도 그 자리에 앉지 않았다는 것은, 바로 독자 여러분 중 누군가가 그 첫 번째 주인공이 될 기회를 온전히 가지고 있다는 뜻이기 때문입니다.

2025년의 노벨상 수상자들 또한 처음부터 위대한 거인은 아니었습니다. 그들 역시 교과서의 정답에 의문을 품었던 소년이었고, 남들이 보지 않는 곳을 집요하게 관찰하던 소녀였습니다. 그들을 시상대로 이끈 것은 천재적인 두뇌보다, "왜?"라는 질문을 멈추지 않은 끈기와 실패를 두려워하지 않는 용기였습니다.

이 책에 담긴 2025년의 과학적 성취들은 먼 나라의 이야기가 아닙니다. 앞으로 독자 여러분이 풀어 가야 할 문제들의 힌트이자, 여러분이 뛰어넘어야 할 기준점입니다.

과학은 정해진 답을 외우는 것이 아니라, 세상에 없던 질문을 던지는 일임을 이 책을 통해 발견하게 된다면 그것은 이미 성공의 시작입니다. 여러분의 엉뚱한 상상이, 사소해 보이는 호기심이, 실험실의 밤을 밝히는 열정이 모여 마침내 한국 과학의 역사를 새로 쓰는 그날을 꿈꿔 봅니다.

우리는 확신합니다. 한국인 최초의 노벨 과학상 수상자는 어딘가 먼 곳에 있는 것이 아니라, 지금 이 글을 읽고 눈을 반짝이는 독자 여러분 세대 안에 숨 쉬고 있다는 것을요.

이 책이 여러분의 가슴 속에 잠들어 있는 '거인'을 깨우는 작은 불씨가 되기를 바랍니다. 그리하여 먼 훗날, 『미래를 바꾸는 노벨상 2025』를 읽으며 꿈을 키웠던 당신의 이름이 전 세계 교과서에 기록되는 날을 기다리겠습니다.

미래의 첫 번째 주인공인 당신을 응원하며

편집부 씀

|차례|

2025년 노벨상

|개요|

All Nobel Prizes
2025 Summary

⬆ 2025년 12월 10일 노벨상 시상식. 스웨덴 스톡홀름. © Clément Morin/Nobel Prize Outreach.

인류 지식의 지평을 넓히다,
삶의 질을 바꾸다

노벨상이 탄생한 이래 125년간 노벨상 선정 위원들이 수상자를 논의하는 과정은 베일에 싸여 있었지요. 그런데 놀랍게도 2025년 노벨 평화상 선정 회의 장면이 처음으로 공개됐답니다. 영국 BBC 방송과 노르웨이 국영방송 NRK가 오슬로 노벨연구소 회의실 내부를 촬영해 보도한 것이죠.

BBC 방송 보도를 보면, 선정 위원들이 알프레드 노벨(Alfred Bernhard Nobel)의 초상화가 벽에 걸려 있는 회의실에 모여 "국가 간의 우애를 증진하고, 군비를 줄이며, 평화를 이룩한 사람에게 상을 수여한다"는 문장을 큰 소리로 읽은 뒤 회의를 시작했다고 합니다.

이를 두고 전문가들은 결정 과정이 폐쇄적이었던 과거 노벨위원회와는 달리, 2025년 노벨위원회는 노벨상의 투명성과 신뢰를 높이려는 시도를 했다고 평가했답니다. BBC 방송은 노벨상 125년 역사에 작은 문이 열렸다고 보도했지요.

흥미롭게도 2025년 노벨 평화상의 경우 발표 이전부터 도널드 트럼프(Donald Trump) 미국 대통령은 노골적으로 수상을 바랐어요. 외신과 전문가들이 러시아-우크라이나 전쟁, 이스라엘-하마스 전쟁 등 여러 전쟁에서 중재 역할을 한다는 점에서 그를 꾸준히 노벨 평화상 후보로 거론

했기 때문입니다. 물론 트럼프 대통령은 노벨 평화상 공식 후보가 아니었기에 수상하지 못했고, 2025년 노벨 평화상은 베네수엘라의 정치인 마리아 코리나 마차도(Maria Corina Machado)에게 돌아갔답니다.

마차도는 "진정한 평화를 바라는 모든 사람에게 이 상을 바친다"라고 수상 소감을 밝혔습니다. 영국 로이터통신의 보도에 따르면 마차도는 수상 이후 트럼프 대통령에게 전화를 걸어 "당신을 기리며 이 상을 받는다"라고 말했답니다. 마차도의 전화를 받은 트럼프 대통령은 "나는 '그럼 나에게 상을 달라'라고 말하지 않았다. 그녀는 친절했다"라고 밝혔다고 해요. 두 사람은 유쾌하게 통화를 한 것처럼 보입니다.

이제 2025년 노벨상 수상자를 살펴보겠습니다. 수상의 영광을 차지한 사람은 모두 14명이었습니다. 물리학상, 화학상, 생리의학상, 경제학상 수상자가 각각 3명, 문학상, 평화상 수상자가 각각 1명이었습니다. 최근에는 노벨상을 여러 명이 함께 수상하는 경우가 많은데, 한 분야에 최대 3명(또는 3개 단체)까지 받을 수 있답니다. 단 훌륭한 업적을 남겼어도 이미 죽은

노벨상은 어떻게 만들어졌을까?

노벨상은 스웨덴의 발명가이자 화학자인 알프레드 노벨의 유언에 따라 만들어진 상입니다. 다이너마이트를 발명해 엄청난 재산을 모은 노벨은 "남은 재산을 인류의 발전에 크게 공헌한 사람에게 상으로 주라"는 내용의 유서를 남겼거든요. 노벨상은 1901년부터 물리학, 화학, 생리의학, 문학, 평화 등 노벨이 유서에 밝힌 5개 분야에 시상하다가 1969년부터 경제학 분야가 추가됐어요. 시상식은 노벨이 세상을 떠난 12월 10일에 매년 열린답니다.

사람은 수상자가 될 수 없어요.

수상자를 선정하는 곳은 분야별로 정해져 있습니다. 스웨덴 왕립과학원에서 물리학상, 화학상, 경제학상 수상자를, 스웨덴 카롤린스카의대 노벨위원회에서 생리의학상 수상자를, 스웨덴 한림원에서 문학상 수상자를 선정합니다. 평화상 수상자는 노르웨이 의회에서 지명한 위원

노벨위원회에서 수여하는 노벨상 메달. © Clément Morin/Nobel Prize Outreach.

5명으로 이뤄진 노벨위원회에서 정한답니다. 모든 수상자는 매년 10월 초 하루에 한 분야씩 발표합니다.

수상자들은 노벨상 메달과 증서, 그리고 상금을 받습니다. 메달은 분야마다 디자인이 약간씩 다르지만, 앞면에는 모두 노벨 얼굴이 새겨져 있어요. 증서는 상장이지만 단순한 상장이 아닙니다. 그해의 주제나 수상자의 업적을 스웨덴과 노르웨이의 전문작가가 그림과 글씨로 표현한, 하나의 예술 작품이랍니다.

상금은 매년 기금에서 나온 수익금을 각 분야에 똑같이 나누어 지급합니다. 그래서 상금액이 매년 다를 수 있는데, 2025년 노벨상 상금은 2024년 상금과 동일한 1,100만 스웨덴 크로나(약 16억 원)로 책정됐어요. 공동 수상일 경우에는 선정 기관에서 정한 기여도에 따라 수상자들에게 나눠 줍니다.

2025년 노벨상의 특징 중 하나는 일본이 수상자를 2명 배출했다는 점입니다. 교토대학 기타가와 스스무(北川進) 특별교수가 화학상을, 오사카대학 사카구치 시몬(坂口志文) 명예교수가 생리의학상을 수상했어요.

1949년 유카와 히데키(湯川秀樹)가 물리학상을 거머쥐며 첫 일본인 노벨
상 수상자로 등극한 이래 일본은 2025년까지 31번째(개인, 단체 포함)의 노
벨상 수상자를 배출했답니다. 2025년처럼 1년에 수상자를 2명 이상 배
출한 적도 드물지 않아요. 일본 정부 차원에서 기초과학에 꾸준히 투자한
열매라는 평가가 나옵니다.

　한국은 2024년 한강이 노벨 문학상을 수상했고 2000년 김대중 대통
령이 노벨 평화상을 받았지만, 아직 과학 분야에서는 수상자를 배출하지
못했습니다. 2025년 국정감사에서는 우리나라의 기초과학 기반이 여전
히 부실하다는 지적이 나왔지요. 우리도 일본의 노벨상 수상을 부러워만
할 게 아니라, 정부 차원에서 기초과학에 제대로 투자하고 과학자의 자유
로운 연구 풍토를 조성해야 하겠죠.

　2025년 노벨상의 또 다른 특징은 물리학상 수상자 명단에 구글 관련
자가 2명이나 포함됐다는 점입니다. 양자컴퓨팅 연구를 이끈 존 마티니스
(John M. Martinis)와 미셸 드보레(Michel H. Devoret)가 그 주인공이죠. 존
마티니스는 오랜 기간 구글 하드웨어팀을 이끌었고, 미셸 드보레는 구글
퀀텀 AI 랩의 하드웨어 최고 과학자랍니다. 사실 2024년에도 구글 관련
자가 3명이나 노벨상을 수상했습니다. 구글 딥마인드의 데미스 허사비스
(Demis Hassabis)와 존 점퍼(John Jumper)가 화학상을, 구글 브레인팀에서
딥러닝과 인공신경망 연구를 이끌던 제프리 힌턴(Geoffrey Hinton)이 물리
학상을 받았지요. 이로써 구글은 2년 연속으로 5명의 노벨상 수상자를 배
출해 과학계에서 '최다 노벨상 배출 기업'으로 떠올랐답니다. 구글이 양
자컴퓨팅, AI를 비롯한 첨단 과학 연구의 중심에 서 있음을 보여 주는 셈
이죠.

2025년 노벨상 수상자들. 평화상 수상자인 마차도를 제외한 13명이다. 스웨덴 스톡홀름에 있는 노벨상 박물관. © Clément Morin/Nobel Prize Outreach.

자, 그럼 2025년 노벨상 수상자들은 어떤 업적을 인정받았을지 좀 더 자세히 들여다보겠습니다. 지금부터 노벨 문학상, 평화상, 경제학상 수상자들의 업적과 물리학, 화학, 생리의학 등 노벨 과학상 수상자들의 연구 업적을 간단히 살펴보도록 해요.

노벨 문학상: '묵시록 문학의 대가' 헝가리 소설가

크러스너호르커이 라슬로

2025년 노벨 문학상은 헝가리 현대문학 거장 크러스너호르커이 라슬로(Laszlo Krasznahorkai)에게 돌아갔습니다. 헝가리 작가가 노벨 문학상을 수상한 것은 2002년 임레 케르테스(Imre Kertesz) 이후 두 번째랍니다. 스웨덴 한림원은 그의 전체 작품이 "묵시록적 공포 속에서도 예술의 힘을 재확인하는 강렬하고 선구적인 작품"이라며 수상 이유를 설명했어요. 한림원은 또 "크러스너호르커이는 카프카에서 토마스 베른하르트에 이르

2025년 노벨 문학상 수상자 크러스너호르커이 라슬로.
© Anna Svanberg/Nobel Prize Outreach.

는 중부 유럽 전통의 위대한 서사 작가"라면서 "부조리와 기괴한 과잉이 특징이지만 사색적이고 정교한 어조로 인간의 약한 본성을 직시하게 한다"라고 평했습니다.

미국 평론가 수전 손태그(Susan Sontag)가 헝가리 묵시록 문학의 최고 거장이라 평하는 크러스너호르커이는 동유럽 현대 문학의 계보를 이으며 암울한 현실, 절망 속에서 끝내 무너지지 않는 인간의 고통스러운 실존을 탐색해 왔습니다. 1954년 헝가리 남동부 줄라에서 태어난 그는 공산주의 붕괴 직전 농장 주민들의 절망을 형상화한 첫 소설 『사탄탱고(Satantango)』(1985)를 발표했는데요. 1990년대 벨라 타르 감독은 이 소설을, 상영 시간이 7시간이 넘는 영화로 만들었습니다.

크러스너호르커이는 1989년엔 한 계곡에 자리한 헝가리 마을에서의 집단적 공포와 광기를 그린 소설 『저항의 멜랑콜리(The Melancholy of Resistance)』를, 1999년엔 헝가리를 떠나 뉴욕으로 간 남자 주인공의 내면을 실험적 문체로 그린 소설 『전쟁과 전쟁(War and War)』을 발표했습니다. 특히 『전쟁과 전쟁』에는 마침표 없는 길고 긴, 그러나 유려한 문장이 눈에 띕니다. 집요하게 긴 문장은 묵시록적 어조, 과잉과 반복 등과 함께 그가 독자에게 의미를 압박하는 방식이라고 해요.

크러스너호르커이는 2015년 헝가리 작가 최초로 맨부커상(현 부커상) 인터내셔널 부문을 수상하며 노벨상 후보로 꾸준히 거론됐지요. 부커

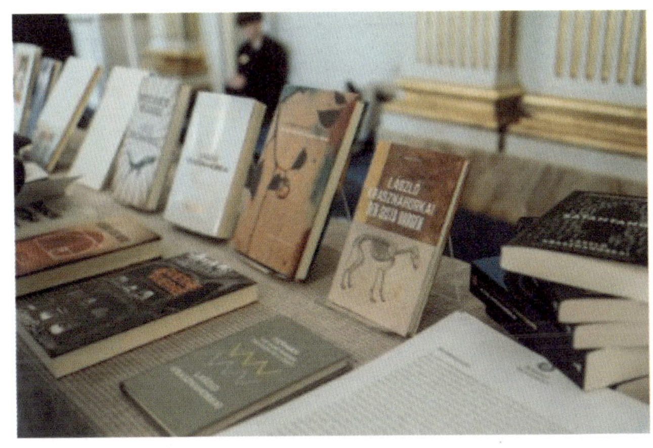

크러스너호르커이의
작품들. © Samuel Unéus.

상 심사 위원단은 놀라운 문장들, 믿기 힘들 정도로 깊이 파고드는 엄청 난 길이의 문장들, 엄숙함에서 광란, 의문, 황폐함으로 변하며 제멋대로 길을 가는 어조를 그의 특징으로 말하며 칭찬했답니다. 우리나라에는 그의 작품 중 『사탄탱고』 『저항의 멜랑콜리』 『뱅크하임 남작의 귀향(Baron Wenckheim's Homecoming)』 『세계는 지속된다(The World Goes On)』 『서왕모의 강림(Seiobo There Below)』 『라스트 울프(The Last Wolf)』 등 6개 작품이 번역 출간됐어요.

노벨 평화상: 베네수엘라 민주화를 위해 헌신하다

마리아 코리나 마차도

2025년 노벨 평화상은 베네수엘라의 야권 지도자 마리아 코리나 마차도에게 수여됐습니다. 마차도는 독재 정권의 압박과 정치적 금지령 속에서도 민주화 운동을 멈추지 않은 '불굴의 리더십'을 갖춘 '철의 여인'이랍니다. 노르웨이 노벨위원회는 마차도를 "짙어지는 암흑 속에 민주주의

2025년 노벨 평화상을 수상한 마리아 코리나 마차도.
© Bel Pedrosa/World Economic Forum.

의 화염이 계속 타오르도록 한 여성"이라고 평가했어요.

1967년 수도 카라카스에서 태어난 마차도는 명문 안드레스 베요 가톨릭대학에서 산업공학을 전공했으며 젊은 시절부터 사회 참여 의식이 강했습니다. 1990년대 후반 우고 차베스가 등장해 베네수엘라 정치가 요동치자 마차도는 '행동하는 시민'으로 나섰어요. 2000년대 들어 차베스 정부는 석유 수익을 기반으로 복지 정책을 확대하는 한편, 선거 제도와 사법부 및 언론을 장악해 버렸습니다. 이에 마차도는 2002년 시민단체 '수마테'를 공동 창립해 부정선거 감시와 투명성 강화를 위한 운동을 이끌었습니다.

2010년대 마차도는 시민운동가에서 정치인으로 변신했습니다. 그는 야권 연합 후보로 미란다주 지역구에 출마해 국회의원에 당선되었고 의회에서 정부의 부패, 언론 통제, 사법 장악을 신랄하게 비판했어요. 2014년 반정부 시위가 전국으로 확산하자 차베스 정부를 이은 니콜라스 마두로 정부는 마차도를 '반역자'로 몰았답니다.

의회는 긴급 표결을 통해 그의 의원직을 박탈했고, 검찰은 그를 폭동 선동 혐의로 기소했어요. 출국이 금지된 마차도는 거리로 나와 시민들과 함께했는데요. 시민 사이에서 '저항의 상징'이 됐답니다. 2024년 대선을 앞두고 마두로 정권은 마차도의 후보 등록을 막았지만, 출마가 좌절된 마차도는 야권 단일화를 주도했어요. 대선 직후 중앙선거관리위원회가 야권 집계와 달리 마두로의 승리를 발표하자 전국 각지에서 항의 시위가 벌어졌고 마차도는 다시 모습을 드러내며 '끝까지 싸우는 지도자'로 떠올랐어요.

노벨위원회는 마차도를 비폭력적 저항과 민주적 전환을 이끈 용기 있는 지도자라고 평가하며, 특히 구금과 협박의 위협 속에서도 자유선거와 인권을 지키려 힌 그의 헌신은 민수주의의 본질을 잘 보여 주었다고 밝혔습니다.

마차도의 수상은 논란을 일으키기도 했어요. 그가 오랜 시간 민주주의 회복과 인권 신장을 위해 싸워 온 점은 인정하지만, 베네수엘라 정권 전복과 외국 군사 개입을 공개적으로 촉구해 왔다는 점에서 비판도 있었답니다.

노벨 경제학상: 창조적 파괴로 지속 성장 이끈다

조엘 모키어, 필리프 아기옹, 피터 하윗

노벨 경제학상은 나머지 노벨상과 달리 1968년 스웨덴 중앙은행이 노벨을 기념하는 뜻에서 만든 상입니다. 시상은 1969년부터 시작했고 상금은 스웨덴 중앙은행이 별도로 마련한 기금에서 지급해요.

2025년 노벨 경제학상은 지속적인 경제 성장을 가능하게 하는 요인

노벨 경제학상 수상자. 왼쪽부터 필리프 아기옹, 조엘 모키어, 피터 하윗.
© Clément Morin/Nobel Prize Outreach.

을 밝힌 경제학자 3명에게 수여됐습니다. 미국 노스웨스턴대학의 조엘 모키어(Joel Mokyr) 교수, 미국 브라운대학의 피터 하윗(Peter Howitt) 교수, 영국 런던정치경제대학의 필리프 아기옹(Philippe Aghion) 교수가 그 주인공이죠.

세 사람은 각기 다른 방법을 사용해 '창조적 파괴'가 어떻게 지속적인 경제 성장을 이끄는지를 규명했습니다. 모키어 교수는 역사적 분석을 통해, 하윗 교수와 아기옹 교수는 수학적 경제 모델을 통해 지속적 성장을 가능케 하는 메커니즘을 밝혀냈답니다.

경제사학자 모키어 교수는 역사적 관찰을 근거로 기술 발전이 어떻게 지속 가능한 경제 성장으로 이어졌는지를 연구했습니다. 그는 19세기 산업혁명 이후 영국이 과거와 다른 비약적 성장을 이룩한 사실에 주목했어요. 모키어 교수는 경제 성장을 위해서는 사물이 왜 작동하는지를 보여주는 '명제적 지식'과, 사물이 작동하는 데 필요한 절차와 방법을 설명하는 '처방적 지식'이 필요하다고 주장했는데요. 산업혁명 이전에는 기술 혁신이 주로 처방적 지식에 기반했다고 분석했답니다.

그는 또 사물이 왜 작동하는지 몰랐다가 16~17세기 과학이 크게 발전하자 명제적 지식과 처방적 지식 간의 상호작용이 향상됐고, 그 결과 상품과 서비스 생산에 활용될 수 있는 유용한 지식이 축적됐다고 봤어요. 특히 모키어 교수는 당시 영국에서 지속적인 성장이 일어난 이유로 숙련된 장인과 기술자의 존재, 개방적 사회 분위기를 꼽았습니다.

하윗 교수와 아기옹 교수는 현대 데이터를 사용해 기술 발전이 어떻게 지속적 성장으로 이어지는지를 설명하는 수학적 경제 모델을 개발했습니다. 두 사람은 국가 단위의 성장보다 그 아래에서 일어나는 기업 간 경쟁과 혁신의 역동성에 주목했어요. 그들은 기업과 일자리가 끊임없이 없어지고 새로 생기는 '창조적 파괴' 과정이 지속 성장의 핵심 메커니즘이라고 주장했답니다. 두 사람은 기업이 연구개발 투자를 늘릴수록 평균적인 혁신 주기가 짧아진다는 점에 주목했고, 이를 토대로 경제 성장의 최적 수준을 달성하기 위한 연구개발의 적정 규모도 분석했어요.

노벨위원회는 세 사람의 연구는 우리가 지속적 성장에 대한 위협을 인식하고 이에 대응해야 함을 보여 준다고 밝혔습니다. 특히 모키어 교수의 연구는 인공지능(AI)이 명제적 지식과 처방적 지식 간 상호작용을 강화하고, 유용한 지식의 축적 속도를 높일 수 있음을 보여 준다고 설명하기도 했습니다.

2025년 노벨 과학상

노벨 과학상은 물리학, 화학, 생리의학이라는 세 분야로 나뉩니다. 2025년 노벨 과학상은 모두 9명이 받았어요. 1901년 제1회 노벨상 이후 지금까지 전쟁 등의 이유로 시상하지 못했던 몇몇 해를 거쳐, 2025년에 노벨 물리학상은 119번째, 화학상은 117번째, 생리의학상은 116번째 시상이었답니다.

자, 이제 2025년 노벨 과학상 수상자들의 연구 내용을 간단히 살펴볼까요.

노벨 물리학상: 전자회로에서 양자 터널링 현상 증명하다

존 클라크, 미셸 드보레, 존 마티니스

2025년 노벨 물리학상은 전자회로처럼 큰 규모에서도 양자 현상이 제대로 작동한다는 사실을 증명한 과학자 3명에게 돌아갔어요. 미국 캘리포니아대학 버클리(이하 UC 버클리)의 존 클라크 명예교수(John Clarke, 영국 출생), 미국 예일대학의 미셸 드보레 명예교수(Michel H. Devoret, 프랑스 출생), 미국 캘리포니아대학 산타바바라(이하 UC 산타바바라) 존 마티니스(John M. Martinis) 명예교수가 그 주인공들이랍니다.

노벨위원회는 노벨 물리학상 선정 이유를 "전자회로에서 거시적 양자

2025년 노벨 물리학상 수상자. 왼쪽부터 존 클라크, 미셸 드보레, 존 마티니스. © Clément Morin/ Nobel Prize Outreach.

터널링과 에너지 양사화를 발견한 공로"라고 설명했습니다. 양자 터널링이란 어떤 입자가 고전 물리학에서는 넘을 수 없을 것으로 예상했던 에너지 장벽을 통과해 버리는 현상을 뜻합니다. 이런 현상이 기존에는 원자나 전자처럼 매우 작은 미시세계에서만 관측됐지만, 손에 잡히는 거시세계에서도 일어나는지는 명확하지 않았거든요.

세 사람은 1980년대 중반 초전도체 회로를 활용한 실험을 수행해 양자 터널링 현상을 관찰하는 데 성공했답니다. 초전도체는 극저온 같은 특정 조건에서 저항이 사라지는 물체죠.

1984~1985년 미국 UC 버클리의 한 연구실에서 만난 세 사람은 초전도체가 들어간 '조지프슨 접합'이라는 특수한 회로를 이용해 양자 터널링 관련 실험을 했습니다. 당시 존 클라크가 지도교수였으며, 존 마티니스가 박사과정 학생으로 참여했고, 미셸 드보레는 프랑스에서 온 박사후연구원이었어요.

조지프슨 접합은 두 초전도체 사이에 얇은 절연층을 삽입해 샌드위치처럼 만든 구조인데요. 세 사람이 조지프슨 접합에 전류를 흘리자 초전도체에서 전자가 쌍을 이루며 움직이다가 원래는 전류가 흐르지 못하는 절연층을 통과하는 양자 터널링 현상이 관찰됐답니다. 게다가 전류가 연속적으로 흐르지 않고 '계단 모양'으로 불연속적으로 흐른다는 사실도 드러났죠. 이는 회로 전체가 양자화돼 있다는 의미였습니다.

세 사람의 연구 결과는 회로 기반의 양자 컴퓨터를 구현할 가능성의 단초가 됐습니다. 1999년 양자 컴퓨터의 정보처리 단위인 큐비트 개념이 처음 등장했지요. 2000년대 이후 대규모 투자가 일어나면서 미국의 구글, IBM 같은 거대 기업들이 양자 컴퓨터 사업에 뛰어들었답니다. 마티니스 교수는 구글 양자 컴퓨터 부문 총책임자를 거친 뒤 지금은 자신의 양자 기술 기업을 설립해 이끌고 있어요. 드보레 교수는 현재 구글 양자 인공지능 조직에서 양자 하드웨어 수석 과학자를 겸임하고 있어요.

노벨 화학상: '금속-유기 골격체'를 개발하다

기타가와 스스무, 리처드 롭슨, 오마르 M. 야기

2025년 노벨 화학상은 새로운 형태의 분자 구조인 '금속-유기 골격체(MOF, metal-organic framework)'를 개발한 과학자 3명에게 주어졌어요. 일본 교토대학의 기타가와 스스무 교수, 호주 멜버른대학의 리처드 롭슨 교수(Richard Robson, 영국 출생), 미국 UC 버클리 오마르 M. 야기 교수(Omar M. Yaghi, 요르단 출생)가 그 주인공들이랍니다.

노벨위원회는 이들의 연구가, 원자와 분자가 결합하는 방식을 새로운 차원으로 확장해 인류가 원하는 성질의 물질을 '설계'할 수 있는 시대

2025년 노벨 화학상 수상자. 왼쪽부터 기타가와 스스무, 오마르 M. 야기, 리처드 롭슨. © Clément Morin/Nobel Prize Outreach.

를 열었다고 평가했습니다. MOF는 금속 이온과 유기 분자를 결합해 만든 다공성 결정 구조를 갖는 물질인데요. 일종의 금속 스펀지라고 할 수 있답니다. 겉보기에는 작은 가루 한 줌이지만, 그 내부에는 축구장의 수십 배에 이르는 표면적을 가진 공간이 있기 때문에 특정 화학 물질을 선택적으로 흡착하거나 저장해요. MOF는 금속 – 유기물의 3차원 구조와 특성을 정밀하게 설계해 합성한 다공성 물질로, 이런 설계 가능성 때문에 주목받아 왔답니다.

MOF 연구는 1989년 롭슨 교수의 실험에서 시작됐습니다. 그는 양전하를 띠는 구리 이온에 4개의 팔을 가진 유기 분자를 결합해 구리 양이온을 중심으로 빈 공간을 지닌 골격 구조를 합성하는 데 성공했답니다. 다만 당시에 개발된 MOF는 화학 결합이 안정적이지 않아 쉽게 붕괴하고 내부의 빈 공간도 유지되지 않았어요.

MOF를 실용적이고 견고한 시스템으로 발전시킨 사람은 기타가와 교수와 야기 교수였습니다. 1992년 기타가와 교수는 MOF의 틈을 따라 기체가 자유롭게 드나들 수 있으며, 골격 구조가 외부 조건에 따라 유연하게 변할 수 있다는 사실을 보여 주었어요. 이후 야기 교수는 분자의 결합 각도와 연결 방식을 설계하는 방법을 제안해 MOF를 안정적이고 조절 가능한 구조체로 만들었답니다. 대표적인 예가 MOF-74이지요. 그는 MOF의 설계 원리를 체계화하고 개념을 정립하는 역할을 했습니다.

노벨위원회의 평가처럼 이후 화학자들은 수만 개의 다양한 MOF를 개발했습니다. MOF는 대기에서 물을 뽑아내거나 이산화탄소 포집, 유해 물질 제거, 가스 저장, 수소 연료 저장 등에 활용되고 있어요.

노벨 생리의학상: 자가 면역 질환 이해 높이다

메리 브렁코, 프레드 램즈델, 사카구치 시몬

2025년 노벨 생리의학상은 자가 면역 질환에 관련된 면역 세포 메커니즘을 밝힌 세 과학자에게 돌아갔습니다. 미국 시스템생물학연구소 시니어프로그램 매니저인 메리 브렁코(Mary E. Brunkow) 박사, 미국 소노마 바이오테라퓨틱스의 프레드 램즈델(Fred Ramsdell) 과학 고문, 일본 오사카대학의 사카구치 시몬(坂口志文) 석좌교수가 그 주인공들이랍니다.

스웨덴 카롤린스카 의대 노벨위원회는 우리 몸의 면역체계가 스스로를 공격하지 않도록 조절되는 방식인 '말초 면역 관용'의 핵심 원리를 발견한 공로를 인정해 생리의학상 수상을 결정했습니다.

1995년 사카구치 교수는 면역체계가 기존의 생각보다 복잡하다는 사

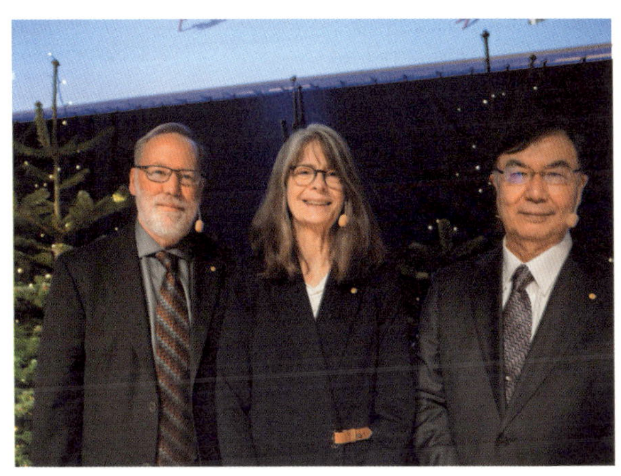

2025년 노벨 생리의학상 수상자. 왼쪽부터 프레드 램즈델, 메리 브렁코, 사카구치 시몬. © Nanaka Adachi/Nobel Prize Outreach.

실을 확인한 데 이어, 자가 면역 질환으로부터 신체를 보호하는 면역 세포인 '조절 T세포'를 발견했습니다. 브렁코 박사와 램즈델 고문은 2001년 쥐 실험을 통해 'Foxp3'이라는 유전자에 돌연변이가 발생할 때 자가 면역 질환에 취약해진다는 사실을 밝혀냈습니다. 이후 사카구치 교수가 Foxp3 유전자가 조절 T세포의 발달을 조절한다는 사실을 입증했지요. 그는 또 조절 T세포는 다른 면역 세포를 감시하고 면역체계가 자기 신체의 조직을 공격하지 않도록 조절하는 역할을 한다는 사실도 발견했어요.

노벨위원회는 세 사람이 면역체계의 수호자인 조절 T세포를 발견해 새로운 연구 분야의 토대를 마련했다면서 이를 통해 자가 면역 질환을 치료하고 더 효과적인 암 치료법을 개발하며, 줄기세포 이식 후 심각한 합병증을 예방할 수 있기를 기대한다고 밝혔습니다. 또 연구자들이 조절 T세포를 질병 퇴치에 이용하는 방법을 시험하는 사례는 훨씬 더 많다고 덧붙이며 세 사람의 업적이 혁신적인 발견이라고 강조했습니다.

구분	수상자			업적
물리학상	존 클라크	미셸 드보레	존 마티니스	전자회로에서 양자 터널링 현상 증명함.
화학상	기타가와 스스무	리처드 롭슨	오마르 M. 야기	'금속-유기 골격체(MOF)' 개발함.
생리의학상	메리 브렁코	프레드 램즈델	사카구치 시몬	'말초 면역 관용' 원리 발견함.
문학상	크러스너호르커이 라슬로			묵시록적 공포 속에서도 예술의 힘을 재확인해 주는, 강렬하고도 선구적인 작품 남김.
평화상	마리아 코리나 마차도			베네수엘라 국민의 민주적 권리를 증진하고, 독재에서 민주주의로의 공정하고 평화로운 전환을 이루기 위해 노력하고 투쟁함.
경제학상	조엘 모키어	필리프 아기옹	피터 하윗	'창조적 파괴'가 어떻게 지속적인 경제 성장을 이끄는지 규명함.

2025년 이그노벨상

파리는 줄무늬를 싫어할까요? 술 마시면 영어가 술술 나올까요? 도마뱀은 어떤 피자를 좋아할까요? 이처럼 별난 연구를 한 과학자들이 2025년 35회 '이그노벨상'을 받았답니다.

'괴짜 노벨상'이라 불리는 이그노벨상(Ig Nobel Prize)은 미국 하버드대의 유머 과학 잡지 《황당무계 연구연보(Annals of Improbable

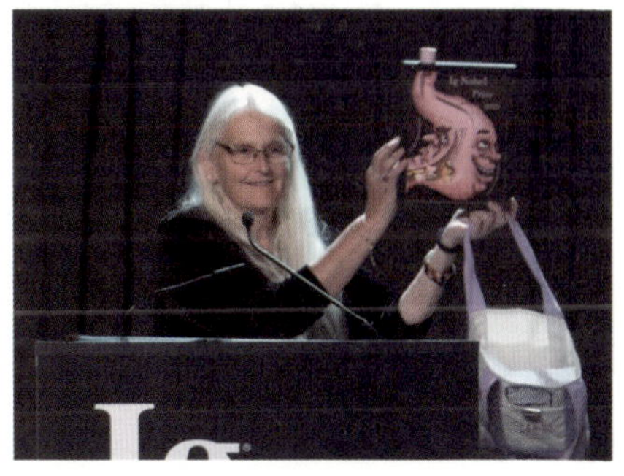

2025년 9월 18일 미국 매사추세츠공대(MIT)에서 진행된 35회 이그노벨상 시상식의 한 장면. © improbable.com.

Research)》에서 1991년부터 매년 전 세계에서 가장 기발한 연구를 선정해 수여합니다. 엉뚱하거나 황당할 수도 있지만 흥미로운 연구를 소개해, 어렵게만 느껴지는 과학을 재밌게 접하길 바라는 의도도 있다고 해요.

2025년에도 10개 부문에 걸쳐 수상자를 발표했습니다. 해마다 수상 분야가 약간씩 바뀌는데요, 2025년에는 항공, 소아과, 공학 설계, 물리학, 화학, 문학, 심리학, 영양학, 평화, 생물학 분야에서 수상자를 발표했어요.

자, 그럼 2025년 이그노벨상 수상자들의 엉뚱하지만 기발한 연구 내용을 한번 알아볼까요? 참, 기억하세요. "웃어라, 그리고 생각하라(LAUGH, then THINK)"라는 이그노벨상의 캐치프레이즈를 말이죠.

생물학 부문: 파리는 줄무늬를 싫어해

몸과 다리에 흰 줄무늬를 그린 소에 파리가 덜 달라붙는다.

© 2019 Kojima et al./PLOS ONE

파리는 줄무늬를 싫어할까요? 일본 농업·식품산업기술종합연구기구 연구진이 소의 몸에 얼룩말 무늬를 칠했더니 파리의 공격이 절반으로 감소했다는 연구 결과를 2019년 국제학술지 《플로스원(PLOS ONE)》에 발표한 바 있어요. 연구진은 이 연구 성과로 2025년 생물학 부문 이그노벨상을 차지했답니다.

연구진은 일본 흑소를 대상으로 흰색, 검은색 줄무늬를 그려 파리가 얼마나 달라붙는지를 실험했습니다. 실험 결과 아무것도 칠하지 않은 소에는 파리가 128마리 달라붙은 반면, 검은 줄무늬를 그린 소에는 111마리가, 흰 줄무늬를 그린 소에는 겨우 55마리만 달라붙었다고 하네요. 같은 줄무늬라 하더라도 검은색보다 흰색이 파리를 쫓는 데 효과적이었던 셈입니다.

이렇게 소 같은 가축에 줄무늬를 그리는 방법에 대해 연구진은 살충제 대신 가축을 지킬 수 있는 친환경적 대안이라고 설명했습니다. 재미있으면서도 실제 농가에서 쓸 수 있는 기발한 아이디어라는 평가도 나왔어요. 동시에 동물 복지에도 도움이 될 거라는 의견도 제기됐고요.

평화 부문: 술 마시면 영어가 술술

적당량의 술을 마시면 외국어 구사 능력이 향상될까요? 네덜란드, 영국, 독일 공동 연구진이 독일인 50명을 대상으로 음주와 외국어 구사 능력의 상관관계를 살펴보기 위한 실험을 진행했습니다. 연구진은 이 연구 성과로 2025년 평화 부문 이그노벨상을 수상했어요.

연구진은 실험 참가자들에게 소량의 알코올이 포함된 음료(술)나 무알코올 음료를 제공한 뒤 네덜란드어로 대화를 나누게 했는데요. 실험 참가자는 모두 네덜란드어를 학습한 경험이 있었어요.

원어민이 이들의 대화를 듣고 평가한 결과, 술을 마신 그룹이 무알코올 음료를 마신 그룹보다 발음을 더 정확히 구사하는 것으로 밝혀졌습니다. 연구진은 그 이유를 약한 알코올이 불안감을 감소시키는 것으로 해석했어요. 다만 술을 마신다고 완벽하게 언어를 구사할 수 있는 것은 아니었답니다.

영양학 부문: 도마뱀이 가장 좋아하는 피자는?

도마뱀이 피자를 좋아한다고요?! 이탈리아, 프랑스, 나이지리아, 토고 공동 연구진은 아프리카 교외 지역에 사는 무지개도마뱀(*Agama agama*)이 '콰트로 포르마지' 피자를 유달리 좋아한다는 사실을 밝혀냈답니다.

콰트로 포르마지 피자는 4가지 치즈가 들어간 이탈리아 전통 피자이죠. 모차렐라와 고르곤졸라는 거의 항상 포함되며 지역에 따라 폰티나, 체더, 스트라키노, 브리 등이 추가됩니다. 연구진은 이 연구 결과를 발표해 2025년 영양학 부문 이그노벨상을 차지했어요.

이 연구는 토고 남부의 한 휴양지에서 사람들이 버린 피자를 도마뱀들이 먹는 모

아프리카에 사는 무지개도마뱀은 피자 중에서 '콰트로 포르마지'를 가장 좋아한다. © Lennart Hudel/iNaturalist.

습을 발견한 것이 계기가 됐답니다. 원래 이 연구의 목적은 도마뱀들의 피자 취향을 알아보려 한 게 아니었어요. 음식물 쓰레기가 많은 환경이 야생동물의 식단, 행동, 건강에 어떤 영향을 주는지 조사하기 위한 것이었답니다.

공학 설계 부문: 신발을 태울지언정 냄새는 못 참는다?!

운동화, 축구화, 슬리퍼 같은 신발로 가득한 신발장을 연 뒤 역겨운 냄새 때문에 코를 막은 적이 있나요? 특히 여러 사람이 모여 사는 기숙사의 신발장이라면 냄새가 더 지독할 수밖에 없겠죠. 2025년 공학 설계 부문 이그노벨상은 냄새가 나지 않는 신발장을 개발한 인도 연구진에게 돌아갔답니다.

연구진은 먼저 냄새의 원인이 박테리아 때문임을 확인했어요. 이를 제거하기 위해 자외선(UV) 램프를 장착한 신발장을 제작했습니다. 웃기게도 연구진은 신발장의 성능을 실험하면서 너무 강한 빛에 신발을 태우기도 했다고 해요. 누구나 공감할 만한 생활 속 불편함을 창의적으로 해결하려는 시도라는 점이 좋은 평가를 받았답니다.

테플론 다이어트, 과일박쥐의 음주 실험 등

나머지 이그노벨상은 어떤 연구진에게 돌아갔을까요? 화학 부문은 '테플론 다이어트'를 제안한 미국 연구진에게 돌아갔어요. 테플론 다이어트는 칼로리가 없는 합성 플라스틱인 고분자 소재 테플론 분말을 음식 속에 섞어 부피를 늘리고 포만감을 주자는 아이디어예요. 항공 부문은 과일박쥐에 에탄올을 투여해 비행 능력을 관찰한 콜롬비아, 이스라엘 등의 공동 연구진이 수상했답니다.

소아과 부문은 산모가 마늘을 섭취하면 모유의 맛과 향이 변하고 아기가 더 오래 젖을 빠는 현상을 발견한 미국 연구진이, 물리학 부문은 파스타 요리 '카치오 에 페페(Cacio e pepe)'에서 치즈와 후추가 특정 조건에서 뭉치는 현상을 물리학적으로 밝힌 이탈리아 연구진이 이그노벨상을 수상했어요.

아울러 심리학 부문은 평균 이상의 지능을 지녔다는 말을 들었을 때 실제보다 더 자아도취적 성향을 보인다는 사실을 알아낸 폴란드와 호주 연구진이, 문학 부문은 35년에 걸쳐 자신의 손발톱이 자라는 속도를 꾸준히 기록해 발표한 미국 아이오와대 의대 윌리엄 빈(William B. Bean) 교수가 받았죠. 윌리엄 빈 교수는 사후 수상자랍니다.

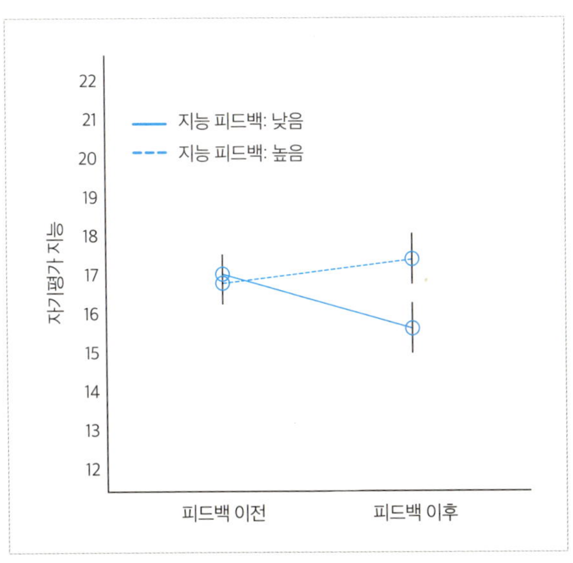

시간(지능 피드백 받기 전과 후) 및 조건(평균 이하 지능 피드백과 평균 이상 지능 피드백)에 따른 자기평가 지능 평균값과 95% 신뢰 구간. © 노벨위원회.

20시간 만에 전해진 수상 소식,
이민자 과학자들의 활약

2025 노벨상에서 눈에 띄는 특징 1. 연락 두절

스웨덴 기준으로 낮에 발표되는 노벨상 특성상 노벨위원회에서 미국 등에 있는 수상자들에게 연락할 때 종종 실시간으로 연결하지 못하는 경우가 발생합니다.

2025년 노벨 생리의학상을 공동 수상한 미국 소노마 바이오테라퓨틱스 프레드 램즈델 고문도 발표 당일 전화 연결이 되지 않아 화제가 됐어요. 그는 노벨위원회에서 처음 전화를 건 지 20시간 만에 연결됐답니다. 램즈델 고문은 휴대전화를 '비행기 모드'로 해 두고 로키산맥을 여행하느라 연락을 받지 못했던 것으로 밝혀졌지요.

램즈델 고문과 노벨 생리의학상을 공동 수상한 미국 시스템생물학연구소 시니어프로그램 매니저인 메리 브렁코 박사 역시 노벨위원회의 전화를 받지 못했습니다. 브렁코 박사는 휴대전화로 걸려 온 스웨덴 전화번호를 보고는 스팸 전화라고 생각해 무시했다고 언론에 밝혔답니다. 노벨상 수상자도 스팸 전화는 안 받는군요.

사실 노벨상 수상자들이 수상자 발표 직후 곧바로 연락이 닿지 않는 경우가 종

노벨상 수상 후 프레드 램즈델(왼쪽), © Nanaka Adachi/Nobel Prize Outreach. 노벨상 수상 후 메리 브렁코(오른쪽). © Nanaka Adachi/Nobel Prize Outreach.

종 발생합니다. 2008년 노벨 화학상을 받은 미국 컬럼비아대의 마틴 챌피 박사나 2020년 노벨 경제학상을 공동 수상한 미국 스탠퍼드대의 로버트 윌슨, 폴 밀그럼 교수는 한밤중에 걸려온 노벨위원회 전화를 받지 못해 뒤늦게 수상 소식을 접했어요. 역시 스웨덴과 미국의 시차 때문입니다.

2025년 노벨 물리학상을 공동 수상한 미국 예일대 미셸 드보레 명예교수는 바쁜 일상을 이어가던 중 수상 소식을 전해 들었습니다. 한 언론과의 인터뷰에서 노벨상 시즌인지도 몰랐다며 수상 소식을 듣고 장난인 줄 알았다고 합니다. 드보레 교수는 예일대에서 연구하면서 미국 구글에서 양자 기술 자문으로 일하고 있는데, 미국 산타바바라에서 새로운 연구팀을 구성하느라 정신이 없었다고 하네요.

노벨상 수상 후 오마르 M. 야기. © Nanaka Adachi/Nobel Prize Outreach.

2025 노벨상에서 눈에 띄는 특징 2. 이민자들의 활약

한편 2025년 노벨 과학상의 경우 이민자 과학자들의 활약이 눈에 띄었습니다. 화학상 수상자인 미국 UC 버클리 오마르 M. 야기 교수는 요르단의 팔레스타인 난민 가정에서 태어나 청소년기에 미국으로 이주했지요. 결국 야기 교수는 요르단 출신 최초의 노벨 과학상 수상자가 됐습니다.

그는 노벨위원회와의 인터뷰에서 과학은 세상에서 가장 위대한 평등의 힘이라며 지식의 확산은 종종 지역을 넘나드는 사람들에게서 비롯된다고 밝혔답니다. 그는 또 과학은 우리가 서로 대화할 수 있게 해 주고 이를 막을 수 없으며, 열린 사회는 이를 장려할 것이라고 강조했어요.

야기 교수와 함께 화학상을 공동 수상한 호주 멜버른대 리처드 롭슨 교수 역시 영국에서 태어나 현재 호주에서 연구하고 있습니다. 2025년 물리학상을 받은 미국 예일대 미셸 드보레 교수와 UC 버클리 존 클라크 교수는 각각 프랑스와 영국 출신이지만 현재 미국에서 활동 중이에요.

과학자들이 국경을 넘어 연구하다가 노벨상을 받은 사례는 과거에도 있었습니다. 예를 들어 1921년 노벨 물리학상을 받은 알베르트 아인슈타인은 독일에서 태어나 스위스를 거쳐 미국으로 이주했어요. 1903년 노벨 물리학상과 1911년 노벨 화학상을 받은 마리 퀴리는 폴란드 태생으로 프랑스에서 활발히 연구했죠.

2025년 10월 9일 발행된 국제 학술지 《네이처(Nature)》에 따르면 21세기 들어 노벨 과학상 수상자 10명 중 3명 이상이 태어난 국가를 떠나 다른 국가에서 연구해 왔다고 합니다. 2000년 이후 물리학, 화학, 생리의학 분야의 노벨상 수상자 202명 가운데 약 30%가 이민 과학자라는 거예요. 2회 이상 국경을 넘나드는 사례도 있었다고 해요.

노벨상을 받은 이민 과학자가 가장 많이 머문 국가는 미국이었습니다. 63명의 이민자 수상자 중 41명이 미국에서 연구 활동을 하다가 노벨상을 받았거든요. 제2차 세계 대전 이후 미국이 세계 최고 수준의 대학을 갖추고 막대한 연구비를 쏟아부으며 과학 연구의 중심지로 자리 잡은 것이 가장 큰 영향을 미쳤다고 볼 수 있답니다.

Nobel Prize in
Physics 2025

2025년
노벨
물리학상

John Clarke
존 클라크

Michel H. Devoret
미셸 드보레

John M. Martinis
존 마티니스

# 2025년 노벨 물리학상, 수상자 세 명을 소개합니다! 

존 클라크, 미셸 드보레, 존 마티니스

2025년 노벨 물리학상은 양자역학 탄생 100주년을 맞아 거시적 규모에서 양자 현상을 확인한 과학자 3명에게 돌아갔어요. 미국 UC 버클리의 존 클라크(John Clarke) 명예교수, 미국 예일대학의 미셸 드보레(Michel H. Devoret) 명예교수, 미국 UC 산타바바라의 존 마티니스(John M. Martinis) 명예교수가 그 주인공이랍니다. 이들은 전자회로에서 거시적 양자역학 터널링과 에너지 양자화를 발견한 공로를 인정받았지요.

세 사람은 1980년대 중반 미국 UC 버클리의 한 연구실에서 만나 '조지프슨 접합'이라는 특수한 초전도 회로를 이용해 양자 터널링 관련 실험을 했습니다. 당시 존 클라크 교수는 박사 학위 과정에 있던 존 마티니스를 지도했으며, 프랑스에서 온 미셸 드보레가 박사후연구원(postdoc)으로 합류했답니다.

조지프슨 접합이란 두 초전도체 사이에 얇은 절연층을 삽입해 샌드위치처럼 만든 회로를 말하는데요. 세 사람이 이 초전도 회로에 전류를 흘리자, 원래는 전류가 흐르지 못하는 절연층을 통과하는 양자 터널링 현상이 관측됐습니다. 전류가 연속적으로 흐르지 않고 '계단 모양'으로 불연속적으로 흐른다는 사실 또한 확인됐답니다. 회로 전체가 양자화된 것을 발견한 것이지요.

세 사람의 연구 결과 덕분에 회로 기반의 양자 컴퓨터를 구현할 가능성이 열렸습니다. 2000년대 이후 구글, IBM 같은 거대 기업들이 양자 컴퓨터 개발 사업에 뛰어들었어요. 노벨위원회는 양자역학이 모든 디지털 기술의 기초이므로 유용하다고 평가했습니다. 이들의 연구 성과가 양자역학 응용에 큰 기여를 했다는 뜻이랍니다.

"거시적 양자 현상을 확인하다"

존 클라크

· 1942년 영국 케임브리지 출생
· 1968년 케임브리지대 다윈칼리지 박사 학위 취득
· 1969~2010년 미국 UC 버클리 물리학과 교수
· 현재 UC 버클리 대학원 명예교수

미셸 드보레

· 1953년 프랑스 파리 출생
· 1978년 오르세대 박사 학위 취득
· 1982~1984년 미국 UC 버클리 존 클라크 그룹 박사후연구원
· 2002년 미국 예일대 응용물리학과 교수 부임

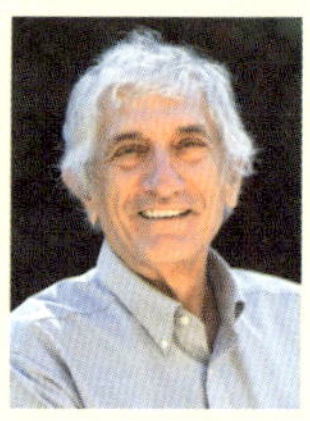

존 마티니스

· 1958년 미국 캘리포니아 산페드로 출생
· 1987년 미국 UC 산타바바라 박사 학위 취득
 (지도 교수 존 클라크)
· 2004년 UC 버클리 물리학과 교수 부임
· 2014~2022년 구글 양자 AI 연구소

2025년 노벨 물리학상은 거시적 규모에서 양자 현상을 확인한 3명의 과학자에게 돌아갔다고 했죠. 양자역학이 적용되는 세계는 늘 '작고 이상한 세계'로 알려져 있잖아요. 원자, 전자, 빛(광자) 같은 아주 작은 것들이 마치 마술처럼 벽을 통과하거나 여러 상태가 동시에 존재하는 그런 세계 말이죠. 우리는 이런 현상이 '너무 작아서 눈에도 안 보이는 세계'에서만 일어난다고 생각해 왔습니다.

하지만 2025년 노벨 물리학상 수상자들은 이 상식을 뒤집어 놓았습니다. 존 클라크, 미셸 드보레, 존 마티니스는 손바닥에 올려놓을 만한 크기의 전자회로에서 양자의 이상한 행동이 그대로 나타난다는 사실을 실험으로 증명했습니다. 자, 이제 2025년 노벨 물리학상의 업적을 이해하기에 앞서 필요한 지식을 살펴보죠.

양자역학이 지배하는 '이상한 나라'

혹시 앨리스가 떨어졌던 '이상한 나라'를 아시나요? 거기선 우리가 아는 상식이 전혀 통하지 않습니다. 물건의 크기가 마음대로 바뀌고, 웃는 고양이는 몸 없이 이빨만 남겨 둔 채 사라지죠. 그런데 현실에도 그런 세계가 있습니다. 우리 눈에 보이지 않을 뿐, 늘 우리 주변에서 작동하는 세계. 그게 바로 양자역학이 지배하는 미시 세계, 즉 '양자 세계'입니다.

1918년 독일의 막스 플랑크(Max Planck)는 '양자 이론'으로 노벨 물리학상을 받았다. 에너지가 연속적이 아니라 작은 덩어리(양자)로 나뉘어 전달된다는 아이디어였다.

우리 주변의 세계는 연속적입니다. 컵에 물을 따르면 물의 높이가 매끄럽게 높아지고 온도를 높이면 온도가 서서히 오릅니다. 하지만 양자 세계에서는 다릅니다. 양자 세계에서는 에너지가 $0 \rightarrow 1 \rightarrow 2$ 처럼 '계단' 형태로만 존재합니다.

이 현상을 처음 발견한 막스 플랑크(Max Planck)는 "빛과 에너지는 작은 덩어리(quantum, 양자)로 나뉘어 존재한다"라고 말했습니다. 이 개념은 현대 물리학 전체를 뒤흔들었습니다. 원자의 전자가 아무 에너지나 갖는 것이 아니라 딱 정해진 값만 가질 수 있다는 것도 이 때문에 가능해진 사실입니다.

양자 세계에서는 입자냐, 파동이냐 하는 구분이 더는 무의미합니다. 빛은 파동처럼 퍼지기도 하고 어느 순간 입자처럼 행동하기도 합니다. 전자도 마찬가지로 어느 때는 입자처럼, 다른 때는 파동처럼 행동합니다. 또 전자 하나는 이곳에도 있고 저곳에도 있고 여러 위치에 동시에 존재할 수 있습니다. 이런 현상을 '중첩'이라고 합니다. 마치 '슈뢰딩거의 고양이'는 상자 속에서 삶과 죽음이 동시에 존재하는 것처럼 말이죠(물론 슈뢰딩거 고양이 패러독스는 정확히 말하면 중첩의 상황은 아닙니다).

일반 세계에서는 공을 던지면 어디에 떨어질지 정확히 계산할 수 있습니다. 하지만 양자 세계에서는 정확한 예측이 불가능합니다. 전자 하나가 어디 있을지는 아무도 모릅니다. 다만 우리가 아는 것은 여기에 있을 확률, 저기에 있을 확률입니다. 이 확률을 계산하는 것이 바로 '파동 함수'입

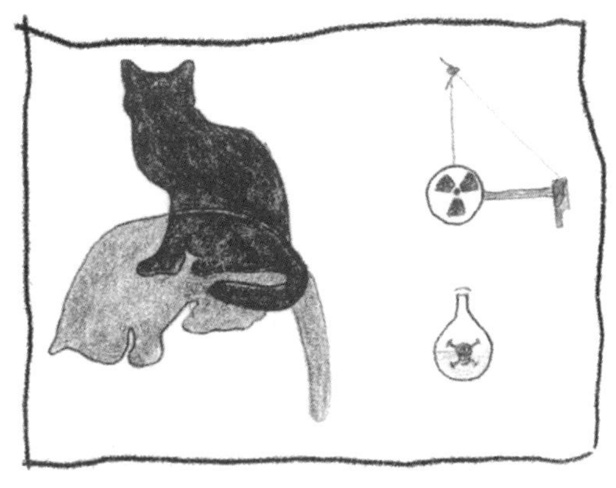

슈뢰딩거의 고양이. © 『최소한의 양자 역학』(동아엠앤비) 171쪽.

니다. 양자 세계는 이 파동 함수라는 지도에 따라 움직이고, 그 지도를 펼치는 순간(즉 관측하는 순간) 전자 위치가 한 곳에 정해집니다.

양자 세계에서 가장 유명하고도 이상한 현상은 바로 '터널링'입니다. 상상해 보세요. 공을 벽에 던졌는데, 갑자기 공이 벽을 통과해 반대편 바닥으로 툭 떨어진다면? 이런 일은 현실에선 절대 일어나지 않죠. 그런데 양자 세계에서는 전혀 이상하지 않은 일입니다. 전자 같은 작은 입자는 때때로 벽을 통과해 넘어가 버립니다. 물리학적으로는 '말이 안 되지만' 양자 세계에서는 확률적으로 가능한 일입니다.

또 양자 세계에서는 관측하면 세계가 바뀝니다. 관측하기 전까지 세계는 여러 가능성이 동시에 존재하지만, 관측하는 순간 단 하나의 상태로 '붕괴'합니다. 이것을 '파동 함수 붕괴'라고 합니다. 전자, 광자 같은 양자 입자는 우리가 보기 전까지는 마치 여러 선택지를 품고 있는 '미완성의 세계'를 가지고 있지만, 우리가 그것을 들여다보는 순간 하나의 현실만 선택되는 것입니다.

이렇게 양자 세계는 상식이 통하지 않는 '이상한 나라'처럼 보입니다.

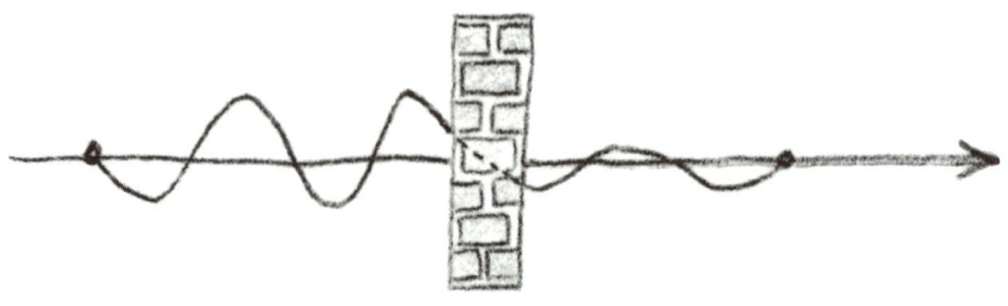

양자 터널링. ©『최소한의 양자 역학』(동아엠앤비) 130쪽.

그러나 그 기묘한 법칙들이 바로 오늘날 기술 문명을 지탱하는 토대가 되고 있습니다. 예를 들어 스마트폰 카메라의 이미지 센서, 반도체, 레이저, 태양전지, MRI, 양자 컴퓨터 등은 모두 양자역학의 원리를 기반으로 만들어졌습니다. 현대 문명은 사실상 양자 세계의 법칙 위에 세워진 거대한 건축물인 셈이죠.

에너지 양자화, 에너지는 왜 계단처럼 변할까?

우리가 일상에서 느끼는 에너지는 '연속적'입니다. 앞서도 말했듯 난방 온도를 섭씨 22도에서 23도로 올리면 자연스럽게 더워지고, 컵에 물을 조금씩 부으면 컵이 부드럽게 채워지죠. 즉 온도, 높이, 소리, 빛의 세기는 모두 '연속적으로' 변하는 것 같습니다.

하지만 양자역학의 세계는 완전히 다릅니다. 양자 세계에서는 에너지가 0 → 1 → 2 → 3처럼 뚝뚝 끊어진 상태로만 존재합니다. 이것을 '에너지 양자화'라고 부릅니다. 에너지가 계단처럼 존재한다는 것은 무슨 뜻일까요? 다음 비유로 생각해 봅시다.

일상 세계는 경사로(연속)에, 양자 세계는 계단(불연속)에 비유할 수 있습니다. 경사로에서 걸으면 아무 위치에나 설 수 있지만 계단에서는 1칸, 2칸, 3칸처럼 딱 정해진 위치에만 설 수 있죠. 1.3칸이나 2.6칸에 설 수는 없습니다. 전자나 원자 같은 양자 입자들은 바로 이 계단식 에너지 준위를 가집니다. 즉 허용된 특정 에너지 상태만 가질 수 있고 그 사이의 값은 아예 존재하지 않습니다.

그렇다면 왜 에너지가 계단식일까요? 핵심은 '파동성'입니다. 전자 같은 양자 입자는 단순한 공이 아니라 파동처럼 행동합니다. 그리고 파동은 어떤 조건 아래에서 특정한 패턴만 허용됩니다. 예를 들어 기타 줄의 경우, 줄을 고정하고 튕길 때 아무렇게나 아무 모양으로 진동하는 것이 아니라 기본 진동(1번 모드), 2배 주파수(2번 모드), 3배 주파수(3번 모드)처럼 정해진 진동 패턴만 허용됩니다. 중간 패턴은 물리적으로 유지될 수 없죠. 전자도 마찬가지입니다. 전자는 원자핵 주변에서 '기타 줄 같은 파동'을 만들며 이 파동이 일정하게 유지될 수 있는 정해진 모양만 가능하기 때문에 에너지가 계단식으로 제한되는 것입니다.

전자가 원자핵 주위를 돌 때도 마찬가지입니다. 아무 궤도로나 돌 수 없고, 그 위치에서 파동이 스스로 모양을 유지해야 하며, 이 조건을 충족하는 '파동 패턴(정상파)'은 몇 개밖에 없기 때문입니다. 그래서 전자는 1s 껍질, 2p 껍질, 3d 껍질 같은 특정 궤도(에너지 준위)만 가질 수 있습니다. 전자는 특정 에너지 계단에만 머물 수 있고, 다른 계단 사이에는 절대 존재할 수 없다는 뜻이죠.

특히 전자가 다른 에너지 준위로 이동할 때는 항상 정해진 크기의 에너지 패키지(광자)를 주고받습니다. 낮은 에너지 준위에서 높은 에너지 준위로 이동할 때는 빛을 흡수하고, 높은 에너지 준위에서 낮은 에너지 준

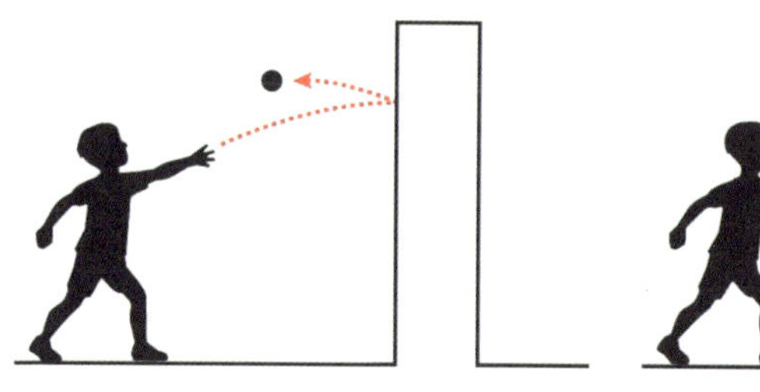

공을 벽에 던지면, 그 공은 다시 튕겨 나올 거라고 확신할 수 있다.

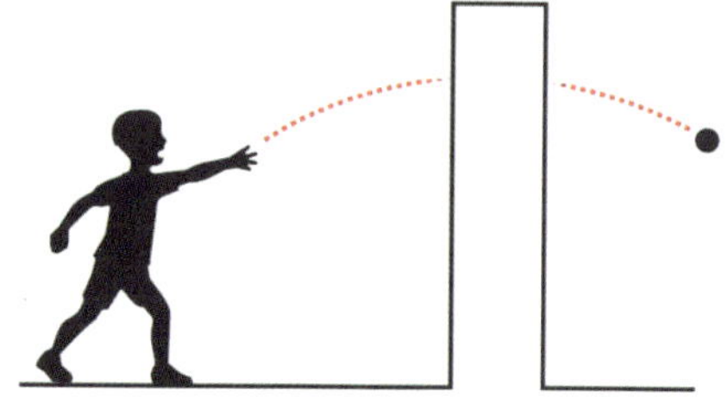

만일 공이 갑자기 벽 반대편에서 나타난다면 정말 깜짝 놀랄 것이다. 양자역학에서는 이런 현상을 '터널링'이라고 부른다. 양자 세계가 이상하고 직관과 어긋나는 것으로 유명하게 만든 대표적인 현상이 바로 터널링이다.

© Johan Jarnestad/The Royal Swedish Academy of Sciences.

위로 이동할 때는 빛을 방출합니다. 이 때문에 원자마다 고유한 빛의 색깔(스펙트럼)이 생기고 우리 눈에 보이는 색깔, 불꽃 반응, 네온사인 등이 모두 이 원리로 설명됩니다. 나아가 에너지 양자화는 레이저, 반도체 같은 현대 기술의 바탕이 됩니다. 예를 들어 레이저는 같은 에너지 차이(에너지 준위 간 이동)에서 나오는 동일한 파장의 빛이 증폭되고, 반도체는 전자의 허용된 에너지 밴드(계단 구조)를 기반으로 동작합니다.

양자 터널링, 막혀 있어도 통과한다?!

양자역학의 세계는 우리에게 익숙한 일상 세계와 완전히 다릅니다. 그 중에서도 가장 이해할 수 없지만 실제로 존재하는 현상이 바로 양자 터널링입니다. 우리가 접하는 현실에서 물체는 에너지가 부족하면 벽을 절대 넘을 수 없습니다. 예를 들어 낮은 언덕(에너지가 낮음)에 있는 공은 높은 언덕을 넘어갈 수 없고, 벽이 있으면 공이 어떻게 움직이더라도 반대쪽으로 '뚫고' 지나가지 않습니다. 이것은 고전역학의 기본 규칙이죠.

하지만 전자나 원자 같은 작은 양자 입자는 고전적 규칙을 따르지 않습니다. 입자가 벽에 부딪혀도 일부 확률로 벽을 통과해 반대편에 나타나는 일이 실제로 벌어집니다. 이게 바로 '터널링'입니다. 터널링의 핵심은 양자 입자가 입자이면서 동시에 파동이라는 겁니다.

입자를 '위치가 한 점에 있는 공'으로 생각하면 절대 벽을 통과할 수 없지만, 파동이라고 생각하면 상황이 달라집니다. 파동은 벽을 만나면 대부분 반사되지만 일부는 벽을 통과해 희미하게 넘어갈 수 있으니까요. 전자도 파동이므로 전자 파동의 일부가 벽 너머까지 퍼져 있을 수 있답니다. 그리고 그 퍼진 부분이 관측되는 순간, 입자가 마치 벽을 넘어간 것처럼 보입니다. 이는 확률적으로 가능한 일이에요.

그렇다고 터널링이 무조건 일어나는 것은 아닙니다. 벽이 두꺼울수록, 입자 에너지가 낮을수록 터널링 확률은 급격히 감소합니다. 반대로 벽이 얇거나 입자 에너지가 높으면 터널링 확률이 증가합니다. 이 때문에 양자역학은 예측이 정확한 값이 아니라 확률적인 결과를 줍니다.

사실 터널링은 태양 중심에서 양성자들이 서로 합쳐지는 핵융합이 일어날 때 중요한 과정입니다. 양전하끼리 밀어내기 때문에 양성자들이 결합하려면 가끔씩 터널링을 통해 장벽을 통과해야 하죠. 터널링이 없다면 태양은 핵융합도 불가능해 빛을 낼 수 없고, 결국 우리도 존재할 수 없을 겁니다. 또 터널링은 반도체가 작동할 때도 중요하므로, 터널링이 없다면 반도체에 전류가 흐르지 않고 전자소자, 컴퓨터, 스마트폰도 탄생하지 못했을 겁니다.

파동 함수, 양자 상태의 설계도

양자역학에서 파동 함수는 입자의 상태를 완전히 기술하는 수학적 표현입니다. 위치, 운동량, 에너지처럼 우리가 알고 싶어 하는 모든 정보가 바로 이 파동 함수 안에 농축되어 있습니다. 하지만 파동 함수는 "입자가 어디에 있다"라고 직접 말해 주지 않습니다. 대신 파동 함수의 제곱 값이 입자를 '그 위치에서 관측할 확률'을 알려 줍니다. 즉 파동 함수란 '입자가 어떻게 존재하고 움직일 수 있는지 보여 주는 확률의 지도'랍니다.

기본적으로 전자 1개, 원자 1개처럼 각 입자는 고유한 파동 함수를 가집니다. 예를 들어 전자 하나의 파동 함수는 '여기 있을 확률 20%' '저기 있을 확률 50%' '더 먼 곳에 있을 확률 30%'처럼 여러 위치에 걸쳐 퍼져 있는 확률분포로 나타납니다.

그러나 여러 입자가 따로따로 움직이지 않고 서로 얽혀(entangled) 하나처럼 행동할 때 어떻게 될까요? 여기서 양자역학이 더 흥미로워집니다. 이것들은 하나의 거대한 파동 함수로 묘사될 수 있습니다. 대표적 사례가 바로 초전도체의 핵심 '쿠퍼쌍'입니다.

특정 온도 이하에서 전기 저항이 사라지는 초전도체에서는 전자 2개가 서로 상호작용을 통해 묶이고 이 묶음(쿠퍼쌍)은 서로 구별 불가능해지며 수십억 개의 쿠퍼쌍이 하나처럼 집단으로 움직입니다. 이 거대한 집단은 개별 전자들이 아니라 전체가 한 몸으로 움직이는 양자 시스템이라고 이해하는 편이 더 정확합니다.

이때는 전자 하나하나의 파동 함수 대신 수십억 개의

에르빈 슈뢰딩거(Erwin Shrödinger). 파동 함수가 시간에 따라 어떻게 변하는지를 설명하는 방정식을 만들었다. © 위키피디아.

전자를 통합한 하나의 단일 파동 함수가 초전도체의 상태를 설명합니다. 이것이 바로 '거시적 양자 상태'이며 일반 물질에서는 절대 나타나지 않는 특수한 상태입니다.

초전도체를 움직이는 두 전자의 춤, 쿠퍼쌍

초전도란 어떤 현상일까요? 일반적인 금속(구리선, 철선 등)은 전류가 흐르면 전자들이 원자와 계속 부딪히면서 일부 에너지가 열로 변합니다. 그래서 전기 저항이 생기고, 전선을 오래 쓰면 뜨거워지는 것도 이 때문이죠.

그런데 어떤 물질을 절대영도(-273.15℃)에 가깝게 '아주 낮은 온도'로 냉각하면 완전히 다른 일이 벌어집니다. 더 이상 전자가 원자와 충돌하지 않아 전기 저항이 0이 되고, 전류가 에너지 손실 없이 무한히 흐를 수 있습니다. 한번 시작된 전류가 마찰 없이 영원히 유지되는 상태가 바로 초전도입니다.

왜 이런 일이 일어날까요? 전자들이 특별한 집단행동을 시작하기 때문입니다. 극도로 차가운 금속 내부에서 전자들은 서로 밀어내는 것이 아니라 오히려 짝을 이루어 새로운 상태에 들어갑니다. 그 짝이 바로 '쿠퍼쌍'입니다. 일반적으로 전자들은 전부 음전하를 띠기 때문에 서로 밀어내는 것이 자연스럽습니다. 그런데 초저온에서는 정반대의 상황이 벌어집니다.

초저온 금속에서는 전자가 지나갈 때 원자 격자가 매우 약하게 진동합니다. 이 진동(음향적 상호작용)을 매개로 전자 2개가 서로 끌어당기게 되고 결국 '하나의 짝'을 이룹니다. 이처럼 전자 2개가 한 몸처럼 행동하는 결합체가 바로 쿠퍼쌍입니다.

결국 초전도성이 나타나는 진짜 이유는 전자들이 개별 입자가 아니라 집단을 이루는 하나의 거대한 양자 물질로 바뀌기 때문입니다. 정리하자면, 초전도란 전자들이 극저온에서 쿠퍼쌍을 형성하며 수십억 개가 하나의 거대한 양자 입자로 행동하게 되는 상태이며, 이 집단 파동 함수가 거시적 양자 현상을 가능하게 만든다고 설명할 수 있습니다.

양자 컴퓨터 시대를 열다

조지프슨 접합, 초전도 양자소자의 출발점

2025년 노벨 물리학상을 받은 존 클라크, 미셸 드보레, 존 마티니스는 1980년대 중반에 미국 UC 버클리의 한 연구실에서 특수한 소자를 갖고 거시적 양자 터널링 실험을 시도했습니다. 당시 실험에 사용한 소자가 바로 조지프슨 접합이었습니다. 특히 존 클라크는 UC 버클리에서 자신의 경력 대부분을 조지프슨 접합 활용 연구에 바쳤습니다.

1962년 영국 케임브리지대의 젊은 물리학자 브라이언 조지프슨(Brian David Josephson)은 굉장히 신기한 이론을 제시한 논문을 발표했습니다. 그는 초전도체와 초전도체 사이에 아주 얇은 절연층(전기가 안 통하는 부분)을 배치하더라도 놀랍게 전류가 흐를 수 있다고 예측했습니다. 이런 구조를 조지프슨 접합이라고 합니다.

구체적으로 그는 조지프슨 접합에서 전압이 없어도 전류가 흐를 수 있고, 전압을 걸면 정확한 주파수의 교류 전류가 흐른다고 주장했습니다. 조지프슨 효과를 예측하는 이 이론은 당시 물리학계에 큰 충격을 주었습니다. 이 효과는 이듬해 실험으로 확인됐고, 조지프슨은 1973년 노벨 물리학상을 받았습니다.

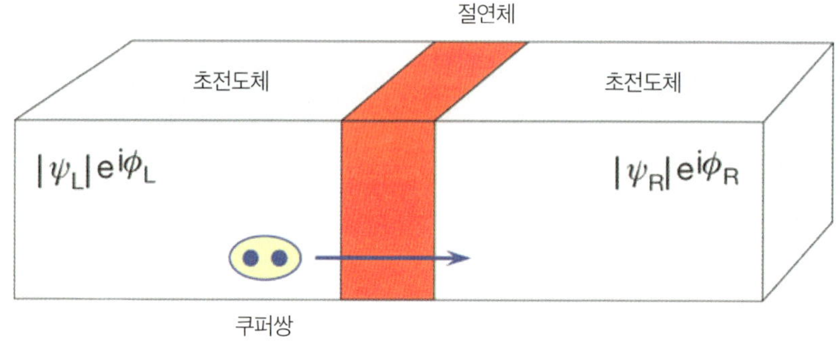

조지프슨 접합은 두 초전도체 사이에 얇은 절연체가 있더라도 전류가 흐를 수 있는 소자다. 초전도체의 쿠퍼쌍이 터널링 덕분에 절연체를 통과할 수 있기 때문이다. ⓒ 네이처(Nature).

상식적인 세계에서는 두 개의 방이 있고 그 사이에 아주 두꺼운 벽이 있다고 가정할 때 이 벽은 너무 단단해서 사람도 공도 절대 지나갈 수 없죠. 전기에서도 똑같습니다. 초전도체와 초전도체 사이에 절연층을 두면 절연층은 전기가 절대로 지나가지 못하는 '벽'이 됩니다.

그런데 양자역학 세계에서는 일이 달라집니다. 초전도체 속 전자(정확히는 '쿠퍼쌍')는 파동처럼 퍼져 있는 존재입니다. 파동처럼 퍼져 있다 보니, 벽에 막혀도 그 파동의 일부는 벽 반대편까지 스며들 수 있습니다. 이것이 바로 '터널링'이랍니다.

조지프슨 효과는 이런 터널링 때문에 나타나는 특별한 현상입니다. 먼저 전기가 절연층(벽)을 그냥 통과합니다. 이를 '직류 조지프슨 효과'라고 합니다. 조지프슨 접합에 전압도 안 걸었는데 전류가 저절로 흐르기 시작합니다. 이런 일은 고전 물리에서는 절대 일어날 수 없지만, 양자 세계에서는 자연스럽게 일어납니다. 물론 조지프슨 접합에 전압을 걸지 않아도 전류가 흐르는 이유는 단순한 터널링 때문이 아니라 두 초전도체의 쿠퍼쌍 파동 함수에서 나타나는 '위상(phase)' 차이 때문입니다.

파동 함수의 위상을 비유로 설명하면, 두 팀의 연주자 사이에 얇은 벽이 있는 상황에서 리듬의 역할로 볼 수 있습니다. 왼쪽 팀의 박자가 조금 앞서고 오른쪽 팀은 약간 느리다면 서로의 박자를 맞추려고 하면서 리듬이 한쪽에서 다른 쪽으로 자연스럽게 흐르는 겁니다. 이처럼 두 초전도체 사이에서도 위상 차이만으로 외부 전압 없이 전류가 흐르는데, 이것이 바로 직류 조지프슨 효과입니다.

또 조지프슨 접합에 전압을 걸면 그 전압 크기에 따라 정확한 리듬(주파수)으로 전류가 깜빡이는 현상이 나타납니다. 이를 '교류 조지프슨 효과'라고 하는데요. 전류가 '딱딱딱…' 하고 특정한 규칙으로 진동하는데, 그 주파수는 전압과 정확히 비례합니다. 즉 전압이 조금이라도 바뀌면 그에 완벽하게 비례해서 주파수가 바뀌는 초정밀 양자 현상이랍니다. 이 효과는 놀랍게도 '자연의 기본상수(전자 전하, 플랑크 상수)'로 정확히 결정되기 때문에 국제 표준 전압·주파수 정의에 사용될 정도입니다.

쉽게 정리하면, 조지프슨 접합에서 초전도체는 '파동의 박자(위상)'를 갖고 있어 전압을 걸면 두 초전도체의 박자가 서로 다르게 되고, 박자 차이가 시간에 따라 계속 변하기 때문에 전류도 시간에 따라 변하며 교류처럼 깜박인다고 설명할 수 있습니다. 이 깜빡이는 주파수는 전압과 정확히 비례하는 것이고요.

입자 하나가 아니라 집단 전체가 원자처럼 행동할 수 있을까?

1960~1970년대 영국 출신의 물리학자 앤서니 레깃(Anthony James Leggett)은 다음과 같은 두 가지 질문에 빠져들었습니다. 첫째, 양자역학은

일반 도체에서는 전자들이 서로, 그리고 주변 물질과 계속 부딪히며 엉키듯 움직인다.

재료가 초전도체가 되면 전자들이 둘씩 짝을 이루어 '쿠퍼쌍'이 되고, 저항이 전혀 없는 전류를 흐르게 한다. 그림 속 가운데 끊긴 부분은 조지프슨 접합을 나타낸다.

쿠퍼쌍들은 마치 전체가 하나의 커다란 입자인 것처럼 전기회로 전체를 채우며 함께 움직일 수 있다. 양자역학에서는 이런 집단적인 상태를 하나의 '공유된 파동 함수'로 설명한다. 노벨상 수상자들의 실험에서 바로 이 파동 함수의 성질이 핵심 역할을 한다.

진짜로 큰 물질에도 적용될까? 둘째, 그렇다면 우리는 그것을 어떻게 실험으로 확인할 수 있을까?

당시까지 양자역학은 원자, 전자, 광자 같은 미시 세계에서만 작동한다고 여겨졌지만, 레깃의 생각은 달랐습니다. "입자 하나가 아니라 집단 전체가 원자처럼 행동할 수 없을까?"라고 말이죠. 이 생각은 급진적이었고, 대다수 물리학자는 그저 우아한 이론적 상상이라고 간주했답니다.

특히 1978년 레깃은 "만약 주변과의 상호작용을 극도로 차단한다면 거시적 크기의 시스템에서도 양자 터널링을 관찰할 수 있지 않을까?"라는 도발적인 질문을 던졌습니다. 그는 초전도 회로가 좋은 후보라고 제안했습니다. 초전도체는 전기 저항이 사실상 0이라서 주변 환경으로의 에너지 손실이 극히 적기 때문이죠.

특히 그는 조지프슨 접합이 지닌 특성에 주목했습니다. 구체적으로 조지프슨 접합은 쿠퍼쌍 수십억 개가 하나의 파동 함수로 묶여 있어 단일 입자가 아닌 집단 시스템이고, 파동 함수의 위상이 전류 흐름을 결정하며, 절연층(장벽) 앞에서 집단 전체가 터널링할 수도 있다고 본 것입니다. 레깃은 이를 수학적으로 정리하고 다음과 같은 엄청난 예측을 제시했습니다.

먼저 거시적 스케일에서도 터널링이 일어난다고 예측했습니다. 단 하나의 입자가 아니라 파동 함수 전체가 장벽을 넘는다는 뜻이죠. 다음으로 이 터널링 확률은 인공 원자처럼 양자화된 에너지에 의존한다고 봤습니다. 즉 에너지가 높을수록 더 빠르게 터널링한다고 추산했답니다. 결국 조지프슨 접합은 '거대한 양자 입자'가 될 수 있다는 결론에 도달했습니다. 구체적으로 원자처럼 계단식 에너지 준위를 보유하고 마이크로파로 점프가 가능하다고 계산했습니다. 이런 내용은 당시 기준으로 사실상 '혁명 선언'이었습니다.

이렇듯 앤서니 레깃은 이론적으로 거시적 양자역학 시대를 연 결정적 역할을 한 덕분에 2003년 노벨 물리학상을 받았습니다. 당시 노벨위원회는 레깃의 업적에 대해 "거시적 양자 시스템의 이론을 정립하고 초전도체·초유체 시스템에서 집단 파동 함수를 통해 양자역학이 거대 규모에서도 성립함을 보여 주었다"라고 평가했습니다. 다시 말해 양자역학은 원자 수준에서만 맞는 법칙이 아니라 물리 세계 전체에 적용 가능한 기본 법칙임을 레깃이 이론적으로 증명했다는 뜻입니다.

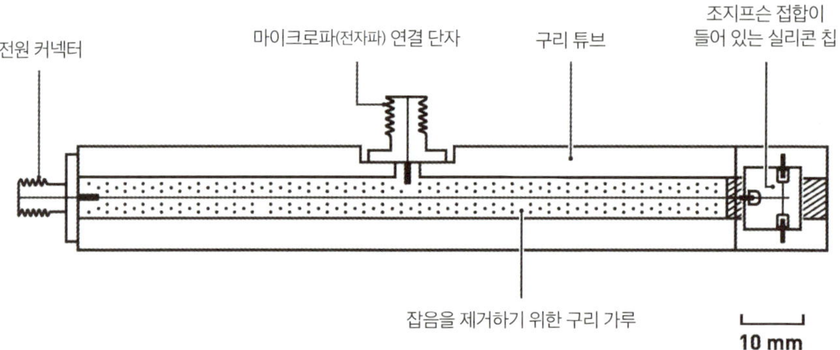

존 클라크, 미셸 드보레, 존 마티니스는 초전도 전기회로를 이용해 이 실험 장치를 만들었다. 이 회로가 들어 있는 칩의 크기는 1센티미터 정도였다. 그 이전까지는 터널링이나 에너지 양자화 같은 현상들이 단지 몇 개의 입자만 있는 매우 작은 계에서 연구돼 왔다. 하지만 이 실험에서는 수십억 개의 쿠퍼쌍이 칩 전체의 초전도체를 가득 채운 상태에서 이런 양자 현상이 나타났다. © Johan Jarnestad / The Royal Swedish Academy of Sciences.

UC 버클리 실험실에서 의기투합한 세 사람

레깃의 이론은 예상만 했던 현상을 제안한 것입니다. 당시에는 아무도 그것을 실험으로 직접 확인하지 못했지요. 그런데 1980년대 중반 존 클라크, 미셸 드보레, 존 마티니스가 미국 UC 버클리 실험실에 모여, 레깃이 예측한 그 현상을 초전도 회로에서 눈으로 관측하는 데 성공했습니다. 존 클라크 교수가 진두지휘하는 실험실에서 존 마티니스는 클라크 교수의 지도를 받는 박사과정 학생으로, 미셸 드보레는 프랑스 파리에서 박사 학위를 받고 합류한 박사후연구원으로 의기투합한 결과였습니다.

존 클라크는 원래 영국 케임브리지대 다윈칼리지에서 박사 학위를 받았고 1969년 미국 버클리 캘리포니아대 물리학과 교수로 임용됐습니다. 그 뒤 자신의 연구실을 세우고 점점 규모를 키우며 자신만의 전문 분야를 정립해 나갔습니다. 그 분야가 바로 초전도와 조지프슨 접합, 그리고 이를 이용해 나타나는 양자 현상 탐구였습니다. 클라크 교수는 초전도체를 이용해 양자역학을 크게 확장해 볼 수 있을 것이라는 비전을 품었답니다.

드디어 1980년대 중반 미국 UC 버클리에 있는 존 클라크 교수의 실험실에서 세기적인 실험이 진행됐습니다. 특유의 초저온 장비 냄새, 금속과 액체 헬륨의 냉기가 뒤섞인 실험실 안에는 클라크 교수의 지도하에 존 마티니스 대학원생과 미셸 드보레 박사가 겨우 1센티미터 남짓의 작은 칩을 응시하고 있었습니다. 그 칩에는 조지프슨 접합이 놓여 있었는데, 장비 주변에는 초저온을 유지하는 액체 헬륨 냉동기, 미세 전류를 정밀하게 주입하는 마이크로 발생기, 외부 잡음(특히 전자기파)을 차단하기 위해 구리로 만든 원통형 차폐 구조인 '구리 튜빙 쉴드' 같은 장치가 달려 있었습니다. 실험 준비는 끝났습니다.

약한 전류를 조지프슨 접합에 흘리기 시작했지만, 회로는 전압이 0인 상태를 유지했습니다. 전류를 조금 더 증가시키자 회로의 전압이 갑자기 솟구치는 순간이 나타났습니다. 세 사람은 동시에 눈을 크게 뜨며 놀랐습니다. 전압이 나타났다는 것은 회로 전체가 하나의 양자 입자처럼 터널링을 일으켜 '전압이 있는 상태'로 넘어갔다는 증거였기 때문입니다. 단일 전자의 터널링이 아니라, 수십억 개의 쿠퍼쌍이 공유한 거대한 파동 함수 전체가 터널링한 것입니다. '거시적 양자 터널링'이 일어난 것이랍니다.

또 마이크로파를 천천히 조절했더니 회로는 어떤 주파수에서만 반응하며 터널링이 더 빨라지는 신호를 보였습니다. 세 사람은 이 회로가 정말로 계단식 에너지 준위를 갖고 있다는 사실을 확인한 것입니다. 다시 말해 에너지가 연속적이 아니라 특정 크기(양자)로만 변화한다는 사실, 즉 에너지 양자화까지 확인한 셈이랍니다. 이들은 거대하지만 동시에 원자처럼 행동하는 회로를 만들었다고 확신했습니다. 사실상 세 사람은 거대한 물체가 원자처럼 행동하는 세계를 관측하는, 역사를 바꾸는 실험을 성공적으로 수행했던 것입니다.

초전도 큐비트, 양자 컴퓨터의 엔진

세 사람은 실험을 통해 조지프슨 접합이 가진 에너지 준위가 계단식으로 불연속적이라는 사실을 직접 관측했습니다. 즉 원자 속 전자처럼 0번 에너지, 1번 에너지, 2번 에너지 식으로 에너지가 뚝뚝 끊어져 존재했습니다. 이것은 곧 조지프슨 접합 회로 전체가 원자처럼 행동한다는 의미였고, 당시 물리학계에 큰 충격을 주었습니다. 수십억 개의 전자가 하나의 거대한 파동 함수로 묶여 원자 하나처럼 행동한다는 사실이 실험으로 입증된 것이니까요.

존 마티니스는 조지프슨 접합 회로에서 발견된 '작은 에너지 단계(에너지 양자화)'를 이용해 양자비트(큐비트)를 만들었습니다. 구체적으로 어떻게 했을까요? 원자에는 수많은 에너지 준위가 있지만 가장 낮은 두 준위만 쓸 수도 있습니다. 가장 낮은 에너지 상태를 |0〉, 그다음 낮은 에너지 상태를 |1〉로 각각 정의하면, 두 상태는 '동시에 존재(중첩)'하거나 '서로 얽힘(얽힘)'을 만들 수 있습니다. 마티니스는 이 두 상태를 양자 정보의 0과 1로 쓰면 되겠다고 깨달았던 것입니다. 그리고 이 단순한 아이디어에서 현대 양자 컴퓨터의 핵심 구조인 초전도 큐비트가 태어났습니다.

왜 조지프슨 회로는 큐비트로 딱 맞았을까요? 초전도 큐비트가 되려면 다음 조건이 필요합니다. 첫째, 두 개로 잘 분리된 에너지 준위가 있어야 합니다. 그래야 마이크로파로 0과 1 사이의 전환이 가능하고, 다른 에

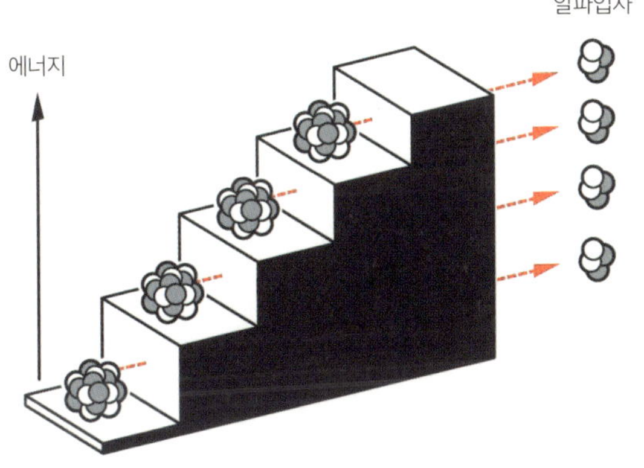

장벽 뒤에 있는 양자역학적 시스템은 여러 가지 에너지를 가질 수 있지만, 그 에너지는 연속적인 값이 아니라 정해진 '양자화된' 단계로만 흡수하거나 방출할 수 있다. 터널링은 에너지가 낮을 때보다 높은 에너지 단계에서 더 쉽게 일어난다. 그래서 통계적으로 보면, 에너지가 높은 상태에 있는 시스템은 에너지가 낮은 상태보다 장벽 안에 머무르는 시간이 더 짧다. © Johan Jarnestad/The Royal Swedish Academy of Sciences.

너지 준위는 멀리 떨어져 있어서 간섭이 없습니다.

둘째, 양자 상태가 오래 유지돼야 합니다. 쿠퍼쌍은 잡음에 비교적 강하고, 초전도 상태에서는 저항이 0이므로 열 잡음도 거의 없습니다. 셋째, 전기회로로 만들어 대규모 확장이 가능해야 합니다. 원자 하나는 제어가 매우 어렵지만, 인공 원자는 리소그래피로 공정 제작이 가능합니다. 이것이 마티니스의 핵심 강점이었습니다. 이 모든 조건을 만족시키는 '완벽한 후보'가 바로 조지프슨 접합 기반의 초전도 회로였습니다.

실제 마티니스 연구팀이 실제로 큐비트를 구성한 과정을 단계별로 살펴보면 다음과 같습니다. 먼저 조지프슨 접합 회로의 에너지 양자화를 측정했습니다. 이 회로는 원자처럼 0, 1, 2 … 단계가 있음이 밝혀졌습니다. 둘째, 특정 마이크로파 주파수를 쏘면 회로 에너지가 0에서 1로 점프하는데, 이는 원자의 광 흡수와 원리가 똑같습니다. 셋째, 0과 1 두 단계만 선택적으로 쓰면 양자비트(큐비트)가 완성됩니다. 넷째, 이 큐비트를 여러 개 연결하면 얽힘·게이트 연산이 가능합니다. 이로써 양자 컴퓨터의 구조가 형성된 것이죠. 결국 마티니스는 양자 컴퓨터의 가장 기본적인 논리연산 단위를 세계 최초로 회로 기반으로 만들어 냈던 것입니다.

존 마티니스, '양자 우월성'을 달성하다

초전도 큐비트를 피아노 건반에 비유해서 설명하자면, 피아노의 모든 건반을 쓰는 게 아니라 딱 두 건반만 골라서 '0음, 1음, 0음' 식으로 자작하는 느낌입니다. 이 두 음을 마음대로 섞고 중첩하면 양자 계산을 위한 최소 단위인 큐비트가 만들어지는 것이죠.

그런데 문제가 있습니다. 초전도 큐비트는 천재 피아니스트 같은 존재인데요. 주변에서 휴대전화가 울리거나 연구실 형광등이 깜빡이거나 누가 문만 열어도 "어? 음이 흔들린다"라며 감정이 확 변해 버리는 겁니다. 즉 '잡음'에 너무 약한 것이죠.

큐비트를 오래 유지하려면 잡음을 최소한으로 줄여야 합니다. 마티니스는 여기서 포기하지 않고 온갖 잡음을 줄이기 위해 구리 튜브로 케이블을 감싸 외부 전자기파를 차단했습니다. 그런 다음 극저온(-273℃ 근처)에서 회로를 안정화하고, 금속의 불순물을 하나하나 제거하고, 마이크로파 펄스 조절 기술을 개발했습니다. 마치 피아노를 외딴 산속 방음실에 두고는 모든 건반의 나사를 하나씩 조이고 외부 소리를 완벽히 차단한 뒤 그 안에서 조율하는 작업과 비슷합니다. 그 무렵부터 마티니스는 초전도 큐비트 분야에서 '조율의 장인'으로 불리기 시작했습니다.

2007년 미국 예일대에서 미셸 드보레 연구진은 초전도 큐비트의 약

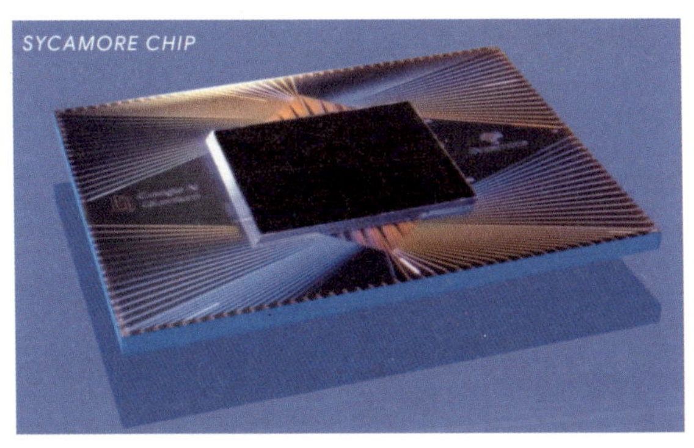

구글의 양자 프로세서 '시커모어'. 구글은 이 칩으로 '양자 우월성'을 달성
했다고 발표했다. © YouTube/Google.

점을 크게 보완한 '트랜스몬 큐비트'를 개발했습니다. 이것은 잡음에 강
하고, 상태가 훨씬 안정되고, 제어가 쉬워졌습니다. 마티니스는 이 기술을
빠르게 흡수해 자신만의 실험 플랫폼을 완성했습니다.

2014년 구글은 양자 분야 석학 중에서도 가장 손이 빠르고 정확한 실
험가였던 존 마티니스를 프로젝트 리더로 영입했습니다. 당시 20년 안에
양자 컴퓨터를 만들려면 초전도 큐비트가 가장 가능성이 있다고 판단한
것이죠. 그 뒤 5년 동안 마티니스 연구진은 놀라운 성과를 거두었습니다.
수십 개의 큐비트가 배치된 칩을 설계하고, 큐비트 간 얽힘 구조를 개발
하고, 에러 교정 구조를 반영하고, 잡음을 하나하나 제거하고, 수백 번의
칩 제작을 반복했습니다. 이는 말 그대로 '양자 악기를 대형 오케스트라
규모로 확장하는 작업'이었습니다.

그리고 2019년 마침내 인류 최초로 양자 우월성(quantum supremacy)
을 달성했습니다. 구글의 초전도 양자 프로세서 '시커모어(Sycamore)'는
고전 슈퍼컴퓨터로는 1만 년이 걸릴 문제를 단 200초 만에 해결했습니

다. 이 실험이 바로 양자 컴퓨터가 고전 컴퓨터보다 '넘사벽으로 빠르다'
는 점을 증명하는 것이었습니다. 물론 그 악단의 지휘자는 바로 존 마티
니스였습니다.

양자 컴퓨터의 선구자 3인의 역할

존 클라크, 미셸 드보레, 존 마티니스 이 세 사람은 노벨위원회의 표현
처럼 '양자 컴퓨터의 선구자'랍니다. 존 클라크는 양자 컴퓨터의 토대를
깔았고, 미셸 드보레는 양자 컴퓨터의 설계를 구상했으며, 존 마티니스는
양자 컴퓨터의 칩을 만들었다고 할 수 있습니다.

먼저 존 클라크는 초전도 회로로 자연을 '읽는 기술'을 개척한 실험 물
리학자로, 오늘날 초전도 양자 컴퓨터가 사용하는 측정·증폭 기술의 기
초를 만든 사람입니다. 그는 1980년대 조지프슨 접합에서 거시적 양자
터널링과 에너지 양자화를 처음 실험으로 입증해, 회로를 '인공 원자'처럼
사용하는 초전도 큐비트 개념의 문을 열었습니다. 또 그의 대표적 발명
인 초전도 양자 간섭장치(SQUID)와 양자 한계 증폭기는 IBM, 구글 등에
서 개발하는 거의 모든 초전도 양자 컴퓨터의 읽기(readout) 장치의 표준
으로 자리 잡았습니다. 쉽게 말하면, 초전도 양자 컴퓨터가 존재하려면 꼭
필요한 '감각기관'을 만든 사람이 바로 존 클라크입니다.

미셸 드보레는 '인공 원자'를 설계한 건축가로, UC 버클리의 실험에서
성공적인 결과를 얻은 뒤 프랑스로 돌아가 프랑스 원자력청(CEA)의 사클
레(Saclay) 원자력연구센터 그룹을 만들고, '콴트로니움(quantronium)'이라
는 최초의 실용적 초전도 큐비트를 설계했습니다. 이후 미국 예일대로 옮
겨 트랜스몬(transmon), 플럭소늄(fluxonium) 등을 개발해 오늘날 IBM, 구

글, 아마존 등 대부분의 양자 컴퓨터가 사용하고 있는 큐비트 아키텍처를 정립했습니다.

그는 이후 '퀀텀 서키츠(QCI)'라는 스타트업을 공동 창업했고, 프랑스 양자기업 앨리스앤밥(Alice & Bob)의 '캣 큐비트(cat qubit)' 기술에도 참여했습니다. 최근에는 구글 퀀텀 AI의 하드웨어 최고 과학자가 됐습니다. 어떤 의미에서 미셸 드보레는 양자 컴퓨터의 기본 언어(큐비트 아키텍처)를 만든 사람이라고 부를 수 있습니다.

존 마티니스는 UC 버클리에서 연구를 시작한 뒤 평생 초전도 큐비트의 실제 칩 제작자로 성장했습니다. UC 산타바바라에서 그는 재료 잡음을 줄이고 회로를 안정화하며 잡음의 근원을 추적하는 등 초전도 큐비트를 현실적인 장치로 바꾸는 데 성공했습니다. 2014년 구글은 마티니스의 연구팀 전체를 영입했고, 그는 곧바로 '초전도 양자 프로세서 개발 총책임자'가 됐습니다. 그리고 2019년 인류 역사에 남을 사건, 즉 구글의 초전도 양자 프로세서 시커모어로 양자 우월성을 달성하는 실험을 총지휘했습니다. 현재 그는 스타트업 큐오랩(Qolab)을 이끌며 '실용 가능한, 산업 등급의 양자 컴퓨터'를 만드는 데 도전 중입니다.

우리는 종종 기술이 '갑자기 등장하는 것'처럼 느낍니다. 하지만 양자 컴퓨터의 역사를 따라가 보면, 그 중심에는 언제나 다음과 같은 세 사람이 있었습니다. 묵묵히 기반을 닦은 사람, 새로운 설계를 제안한 사람, 그것을 현실에 구현해 낸 사람 말이지요. 2025년 노벨상은 물리학의 승리이자, 40년 동안 조용히 이어진 연구자들의 바통 터치에 대한 찬사입니다. 양자 컴퓨터 미래는 이미 오래전부터 우리 곁에서 만들어지고 있었던 셈입니다.

양자 컴퓨터의 현재와 미래

2019년 구글이 시커모어로 양자 우월성을 달성했다고 발표했습니다. 이는 양자 컴퓨팅 역사에서 마치 '라이트 형제의 비행' 같은 사건이었습니다. 하지만 한번 비행에 성공했다고 해서 곧바로 상업 비행이 가능하다는 뜻은 아니죠. 시커모어 이후 양자 컴퓨터의 발전은 바로 이 간격을 메우는 과정이었습니다.

사실 시커모어를 통해 양자 컴퓨터가 고전 컴퓨터보다 빨라질 수 있다는 가능성을 보았지만 신약 개발, 최적화, 물질 설계 같은 실제 문제를 풀기엔 여전히 양자 컴퓨터는 너무 어린 아기 수준이었습니다. 시커모어 이후 업계 전반의 핵심 과제는 더 많은 큐비트, 더 낮은 오류율, 더 지속적인 일관성, 더 뛰어난 에러 정정이 제시됐습니다. 즉 '빠르기만 한 양자 컴퓨터'에서 '정확한 양자 컴퓨터'로의 진화가 필요했던 것입니다.

양자 컴퓨터는 '큐비트'를 어떻게 만들고 다루느냐에 따라 종류가 나뉩니다. 초전도 큐비트 방식, 이온트랩 방식, 중성원자 방식, 광자 방식 등이 대표적인 예입니다. 오늘날 가장 앞서 있는 초전도 큐비트 방식은 조지프슨 접합이라는 전자 회로를 절대영도에 가까운 온도로 냉각하여 회로 자체가 '양자적으로' 행동하도록 합

IBM에서 공개한 최신 양자 컴퓨터 '퀀텀 시스템 투(Quantum System Two)'. © IBM Qauntum.

니다. 즉 금속 회로를 아주 차갑게 해서 원자처럼 행동하게 만드는 방식입니다.

세계 최고 수준의 정확도를 보이는 이온트랩 방식은 전하를 띤 원자(이온)를 전기장으로 공중에 떠 있게 만들고, 레이저로 0과 1 상태를 바꾸며 계산합니다. 원자 하나하나가 완전한 자연 상태의 큐비트입니다. 중성원자 방식은 중성원자를 '레이저 빛으로 만든 광학 격자'에 수백에서 수천 개까지 배열해 큐비트를 쓰는 방식입니다. 마치 레고판에 원자를 하나씩 정렬하는 느낌이죠. 광자 방식은 전혀 냉각이 필요하지 않고 빛의 편광, 위상 같은 성질을 큐비트로 활용합니다. 빛 자체가 정보 단위(큐비트)가 되어 이동하면서 계산하는 방식이랍니다.

2020년대 초반(2020~2023년)엔 큐비트 숫자를 늘리기보다 큐비트 하나하나를 더 잘 만드는 데 집중했습니다. 초전도 큐비트 방식은 트랜스몬 구조 최적화에, 이온트랩 방식은 게이트 정밀도 향상에, 중성원자 방식은 원자 배열 제어에, 광자 방식은 얽힘 상태 생성률 향상에 집중했습니다. 또 소자 제작 공정 개선과 극저온·필터링 기술 고도화에도 힘썼습니다. 잡음과의 싸움을 통해 안정화에 힘쓴 이 시기는 양자 컴퓨터가 유년기에서 초등학생 시기로 넘어가는 과정이었다고 할 수 있습니다.

2023년 이후 현재까지는 대형 프로세서를 통해 확장하는 시기라고 할 수 있습니다. 초전도, 이온트랩, 중성원자 등 여러 방식의 큐비트 기술이 실제 확장 가능한 단계에 들어갔습니다. IBM은 1000큐비트 시대를 열었고, 최신 양자 컴퓨터인 '퀀텀 시스템 투(Quantum System Two)'의 운영을 시작했습니다. 2029년까지 현실적인 양자 컴퓨터라 할 만한 '오류 허용(fault-tolerant) 양자 컴퓨터' 개발을 목표로 정했습니다.

구글은 윌로(Willow) 프로세서를 발표하고 퀀텀 에코(Quantum Echoes) 알고리즘을 실험해 '검증 가능한 양자 우위'를 시연했습니다. 즉 양자 컴퓨터가 고전 컴퓨터보다 빠를 뿐 아니라 그 계산 결과가 정확함을 고전적 방식으로 '검증할 수 있는 상태'까지 도달했다는 의미입니다. 이온트랩 기업인 아이온큐(IonQ) 등은 안정성, 정확성에서 두각을 나타내고 있으며, 중성원자 방식 기업인 큐에라(QuEra) 등은 매우 큰 수의 원자를 다루는 데 성공해 양자 시뮬레이터 분야에서 성장하는 중입니다.

2025년 이후 양자 컴퓨터가 나아가는 방향은 크게 3가지입니다. 먼저 양자-고전 하이브리드 컴퓨팅입니다. 양자 컴퓨터가 고전 슈퍼컴퓨터와 함께 사용하는 구조에 해당하죠. 이미 아마존웹서비스(AWS), IBM 클라우드, 애저(Azure) 등에 '양자 하이브리드 컴퓨팅 플랫폼'이 등장했습니다. 앞으로는 어떤 문제는 고전 컴퓨터가 담당하고, 또 다른 문제는 양자 컴퓨터가 담당하는 융합 시대가 열릴 가능성이 큽니다.

　두 번째 방향은 궁극적인 목표라 할 수 있는 '오류 허용 양자 컴퓨터'입니다. 현재 양자 컴퓨터는 오류율이 높고 잡음이 심해서 계산 과정이 쉽게 망가집니다. 이를 해결하려면 수천에서 수만 개의 물리 큐비트에서 1개의 '논리 큐비트(logical qubit)'를 만드는 '에러 정정 코드'가 필요합니다. 오류 허용 양자 컴퓨터란 오류가 생기더라도 스스로 고치며 무한히 오래 정확한 계산을 유지할 수 있는 '진짜' 양자 컴퓨터라고 할 수 있답니다.

　세 번째 방향은 양자 컴퓨터가 가장 강력한 응용 분야를 개척하는 것입니다. 즉 양자 컴퓨터는 전통 컴퓨터가 어려워하는 영역에서 진가를 발휘할 것으로 보입니다. 즉 신약 개발(약물 분자의 시뮬레이션), 신소재 탐색(배터리, 초전도체), 화학 반응 예측, 금융 최적화, 복잡계 시뮬레이션, 기후 모델링 등에 대한 양자 시뮬레이션 분야는 양자 컴퓨터의 최초 실용화 분야가 될 가능성이 높습니다.

　전문가들은 2030년까지 소규모 문제에서 양자 우위를 반복 시연하며, 산업 파일럿 프로젝트가 등장하고, 2030~2035년에 오류 허용 양자 컴퓨터의 초기 형태가 등장할 것이라고 예상합니다. 또 2035년 이후에는 실용 양자 컴퓨터 시대가 개막해 신약, 신소재, 금융, 기후 등에 관련된 산업 문제에서 양자 컴퓨터가 널리 활용될 것으로 전망합니다.

Nobel Prize in
Chemistry 2025

2025년
노벨
화학상

北川進
기타가와 스스무

Richard Robson
리처드 롭슨

Omar M. Yaghi
오마르 M. 야기

2025년 노벨 화학상, 수상자 세 명을 소개합니다!

기타가와 스스무, 리처드 롭슨, 오마르 M. 야기

2025년 노벨 화학상은 금속－유기 골격체(MOF, metal-organic framework) 설계와 응용을 개척한 세 과학자에게 돌아갔습니다. 수상자는 오마르 M. 야기(미국 UC 버클리 교수), 리처드 롭슨(호주 멜버른대학 교수), 기타가와 스스무(일본 교토대학 교수)입니다.

이들의 업적은 화학의 시선을 근본적으로 바꿔 놓았습니다. 오랫동안 화학은 무엇을 섞어 어떤 새로운 물질을 만들지에 집중해 왔습니다. 그러

CO₂ 분자가 기공 내부에 흡착된 Mg-MOF-74 금속-유기 골격체 구조의 3D 모델. 원통형 기공 구조를 통해 CO₂의 강력한 결합 및 대량 흡착이 가능하다. ⓒ 셔터스톡.

나 이들은 그 안의 공간을 설계하는 데 주목했지요. 그들이 탐구한 대상은 미세한 구멍으로 가득 찬 다공성 물질이었습니다.

호주 멜버른대학의 리처드 롭슨 교수는 1980년대 후반, 금속 이온과 유기 리간드(organic ligand)를 결합해 규칙적인 3차원 격자 구조를 설계할 수 있다는 개념을 제시했습니다. 금속을 기둥처럼 세우고 유기 분자를 다리처럼 연결하면 매우 작고 정교한 분자 구조물을 설계할 수 있다는 것을 보여 준 것이지요. 기존 고체 화합물은 내부가 꽉 차 있지만, 롭슨이 제시한 구조는 그 안에 질서정연한 통로가 있습니다. 이 새로운 형태의 결정 구조가 이후 MOF 연구의 출발점이 되었습니다.

교토대학의 기타가와 스스무 교수는 1990년대 초중반, 롭슨의 아이디어를 실제 물질로 만들어 냈습니다. 그는 안정적인 다공성 구조를 합성하고, 그 안에 기체가 어느 조건에서 머물거나 빠져나오는지를 실험으로 밝혀냈습니다. 그 결과 MOF의 구멍은 그저 비어 있는 공간이 아니라 기체 분자를 넣고 꺼낼 수 있는 작은 '분자 창고'처럼 작동한다는 사실을 확인했지요. 기타가와는 이를 조정 가능한 분자 저장소라고 불렀습니다. 이후 MOF는 기체 저장, 분리, 촉매 반응 등 다양한 기능을 수행하는 신소재로 주목받기 시작했습니다.

UC 버클리의 오마르 M. 야기 교수는 2000년대 들어 MOF 연구를 한층 더 발전시켰습니다. 그는 금속과 유기 리간드의 조합을 다양화해 이후 수만 종의 MOF가 설계될 수 있는 기반을 만들었지요. 구멍의 크기와 모양, 표면 성질을 정밀하게 제어하는 방법을 개발했습니다. 어떤 MOF는 공기 중 이산화탄소를 포집하고, 또 어떤 MOF는 수소를 안전하게 저장하거나 사막 같은 건조한 공기에서 물을 끌어모으지요. 야기의 연구는 다공성 물질을 실험실 속 개념에서 현실 문제를 해결하는 기술로 발전시켰다는 점에서 중요한 의미를 가집니다.

이렇게 롭슨-기타가와-야기로 이어진 30여 년의 연구는 화학이 물질을 조합하던 기존의 방식에서 벗어나 새로운 패러다임으로 나아가는 데 공헌했습니다. 공간을 미리 설계해 맞춤형 성질을 지닌 소재를 만드는 시대를 연 것이지요. 이를 통해 원자와 분자의 연결 방식을 설계해, 원하는 성질과 기능을 갖춘 물질을 만들 수 있는 길이 열렸습니다

MOF의 등장으로 화학은 예측하고 설계하는 과학으로 발전했습니다. MOF 기술을 바탕으로 에너지, 환경, 촉매 등 인류가 직면한 실제 문제의 해답을 찾기 위한 연구도 본격화되었지요. 이런 이유로 올해 노벨위원회는 눈에 보이지 않는 빈틈 속에서 세상을 바꾸는 힘을 보여 준 '빈틈의 과학'에 노벨 화학상을 수여했습니다.

"금속-유기 골격체의 개발을 위해"

기타가와 스스무

· 1951년 일본 교토 출생
· 1974년 교토대 화학 학사 취득
· 1979년 교토대 화학 박사 취득
· 1998년 교토대 공학연구과 교수 부임
· 2007년 교토대 첨단다공성재료연구센터 창립

리처드 롭슨

· 1937년 영국 글러스번 출생
· 1959년 옥스퍼드대 화학 학사 취득
· 1962년 옥스퍼드대 화학 박사 취득
· 1966년 호주 멜버른대 화학과 부임
· 1998년 호주화학회 버로스상(Berowski Medal) 수상

오마르 M. 야기

· 1965년 요르단 암만 출생
· 1985년 미국 뉴욕주립대 알바니 화학 학사 취득
· 1990년 미국 일리노이대 어배너-샴페인 화학 박사 취득
· 2007년 UCLA 교수 부임
· 2012년 UC 버클리 화학과 교수 부임
· 2018년 화학 분야 울프상(Wolf Prize) 수상

사전 지식 깨치기

단단한 게 꼭 좋은 걸까?

우리 주변에는 단단한 물건이 많습니다. 스마트폰의 금속 테두리, 유리컵, 시멘트벽, 자동차의 철판까지… 단단해야 안전하고 속이 꽉 차야 튼튼하다고 생각하지요. 하지만 과학은 다른 이야기를 합니다. 속이 비어 있을수록 더 가볍고 더 유연하게 작동하는 물질도 있다고요.

스펀지를 떠올려 보세요. 손으로 눌러도 부서지지 않고, 물을 머금었다가 다시 내보낼 수도 있습니다. 스펀지의 비밀은 내부의 구멍에 있습니다. 이 구멍 속에 액체나 기체가 드나들며 새로운 기능을 만들어 내지요. 우리는 이미 이런 구조의 도움을 받으며 살고 있습니다. 뽁뽁이 포장재는 충격을 흡수하고, 단열 벽은 공기층을 통해 열의 흐름을 막아 주지요. 아이스박스와 정수기 필터 역시 속이 빈 구조를 이용해 냉기를 유지하거나 불순물을 걸러 내고요.

이때 중요한 것은 비어 있음의 정도입니다. 너무 꽉 차면 단단하지만 무겁고, 조금 비어 있으면 가볍고 유연하지요. 공

내부에 유연한 구멍을 지니고 있는 스펀지. © Pixabay.

간이 너무 크면 구조가 약해지지만, 알맞게 남겨진 빈틈은 오히려 강도를 높이고 새로운 기능을 만들어 냅니다. 자연에서도 같은 법칙이 작용합니다. 새의 뼈가 가볍지만 튼튼한 이유, 산호가 물속에서도 형태를 유지하는 이유 역시 내부의 공간 구조에 그 비밀이 있습니다.

스펀지처럼 숨 쉬는 고체

이제 스펀지 내부로 더 깊이 들어가 봅시다. 육안으로 보이는 구멍들 사이에 현미경으로도 간신히 보이는 미세한 구멍이 존재하지요. 이처럼 내부에 미세한 구멍이 여러 개 있어 분자가 드나들거나 저장될 수 있는 물질을 '다공성 물질'이라고 합니다. 이런 다공성 물질은 겉보기에는 평범한 고체처럼 보이지만, 내부에는 생각보다 넓은 공간이 숨어 있습니다. 겉으론 작아 보여도 뭔가 끝없이 나오는 도라에몽의 주머니처럼, 내부 공간이 가진 잠재력이 물질의 기능을 결정하지요.

중요한 것은 다공성 물질이 구멍의 크기나 모양, 표면의 성질에 따라 어떤 분자는 통과시키고 어떤 분자는 붙잡을 수 있다는 점입니다. 필요한 분자만 골라 받아들이는 '능동적인 분자 필터'는 공기 중의 특정 가스를 모으거나, 물속의 오염 물질을 효과적으로 붙잡을 수 있습니다.

일상에서 우리가 사용하는 대표적인 다공성 물질로 세제 속 제올라이트가 있습니다. 제올라이트는 천연 다공성 광물로 세탁 과정에서 이온을 교환해 물을 부드럽게 만듭니다. 냉장고 냄새를 잡는 활성탄 역시 내부의 미세한 구멍이 냄새 분자를 선택적으로 흡착하는 다공성 물질이죠. 정수기 필터 또한 미세한 기공으로 물속의 석회질과 냄새를 걸러 냅니다.

MOF가 탄생하기 이전에 화학자들이 가장 주목한 다공성 물질은 제

제올라이트는 안정된 기공 구조 덕분에 '완성된 다공성 물질'
로 불렸다. © 위키미디어.

올라이트였습니다. 하지만 제올라이트는 자연이 만든 광물이라 구조가 이미 정해져 있어, 구멍의 크기나 모양을 마음대로 바꿀 수 없었습니다. 안정적이지만 특정 분자에 꼭 맞춘 설계는 불가능했죠. 이 한계 때문에 화학자들은 제올라이트의 장점을 유지하면서도, 구조를 직접 설계할 수 있는 새로운 다공성 물질을 찾기 시작했습니다.

화학이 찾은 새로운 무대, '공간'

과학자들은 완전히 새로운 구조를 인공적으로 설계하기 시작했습니다. 그렇게 탄생한 물질이 바로 MOF입니다. 금속과 유기물이 만든 분자 규모의 건축물이지요. 겉보기엔 단단한 결정처럼 보이지만, 내부는 정교한 '분자 호텔'처럼 수많은 기공과 통로가 촘촘히 이어져 있습니다.

이 건축물의 기둥은 금속입니다. 전하를 띤 금속 원자(금속 이온)가 하나씩 기둥이 되기도 하고, 여러 개가 뭉친 금속 덩어리(금속 클러스터)가 굵은 기둥을 세우기도 합니다. 그 사이를 유기 리간드라는 분자가 다리나 벽체처럼 연결해 주죠. 금속이 구조의 중심을 잡고, 리간드가 그 틀을 이어 주는 구조입니다.

이 조립 방식의 핵심은 '빈틈'을 직접 설계할 수 있다는 것입니다. 원자와 분자가 들어가 머물고, 반응하고, 이동할 수 있는 공간을 이제 사람의 손으로 만들 수 있게 된 것이죠. 다시 말해 자연이 틈을 만들어 주기를

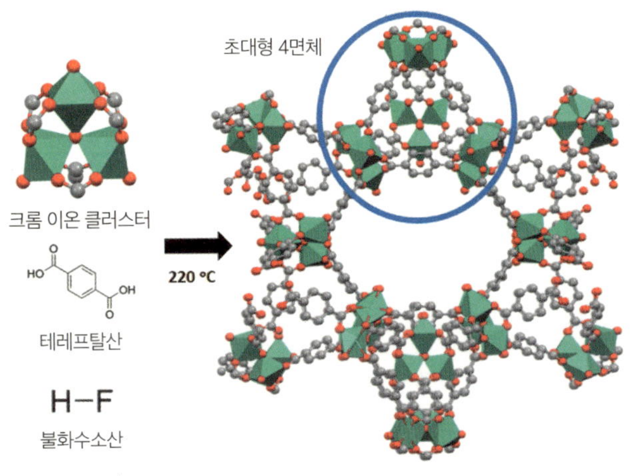

MIL-101 MOF 합성. 각 녹색 팔면체는 중앙에 Cr 원자 하나와 모서리에 산소 원자 여섯 개(빨간색 볼)로 구성되어 있다. © Mei Gui Vanessa Weeet et al./위키미디어.

기다리지 않고, 화학 반응이 일어날 수 있는 '방'을 인간 스스로 만들기 시작한 것입니다.

이런 다공성 물질의 발견은 화학의 방향을 완전히 바꾸었습니다. 금속과 유기 리간드를 어떻게 짝짓느냐에 따라 가능한 조합은 거의 무한합니다. 주기율표 속 많은 금속이 기둥이 될 수 있고, 수많은 유기 분자가 다리로 작용할 수 있지요.

지금까지 전 세계에서 합성된 MOF는 수만 종에 이르는 것으로 보고됩니다. 같은 재료라도 조립 방식에 따라 전혀 다른 구조가 만들어지고, 미세한 변화만으로도 성질이 바뀌지요. 이런 공간의 제어 능력이 생기자, 화학은 더 넓은 영역으로 스며들기 시작했습니다. 구조를 어떻게 설계하느냐에 따라, 만들어 낼 수 있는 기능이 결정되는 거지요.

빈틈의 화학을 현실로 만들어 내다

이제 '빈틈의 화학'을 현실로 만들어 낸 과학자들의 이야기를 들어 볼까요. 18세기에 만들어진 파란색 안료 '프러시안블루'는 금속들이 규칙적으로 이어진 구조 속에 아주 미세한 빈틈이 있었어요. 19세기 화학자 알프레트 베르너(Alfred Werner)는 금속과 다른 분자가 어떤 방식으로 연결되는지를 밝혀냈지요. 20세기 초에는 니켈로 된 얇은 층 사이에 다른 분자가 들어 있는 '호프만 클라트레이트(Hofmann clathrate)'라는 물질도 등장했습니다.

20세기 중반이 되자 과학자들은 원자의 배열을 직접 관찰하고, 복잡한 물질 속 구조도 세밀하게 파악할 수 있게 됐습니다. 문제는 그다음이었지요. 구조를 '읽는' 기술은 빠르게 발전했지만, 원하는 형태를 '설계'해 만드는 일은 좀처럼 진척이 없었습니다. 금속과 분자를 조합해 새로운 구조를 만들려고 해도, 어떤 모양이 나올지는 실험이 끝나기 전에는 알 수 없었습니다. 분자들이 스스로 어떤 방식으로 엮일지 예측할 수 없어, 결과는 늘 운에 기대야 했지요.

이런 벽 앞에서 화학의 힘으로 구조를 직접 설계하려 한 이들이 있었습니다. 바로 리처드 롭슨, 기타가와 스스무, 오마르 M. 야기입니다. 세 과학자는 물질 속 '빈틈'을, 기능을 지닌 구조로 바꾸어 화학의 새로운 시대를 열었습니다.

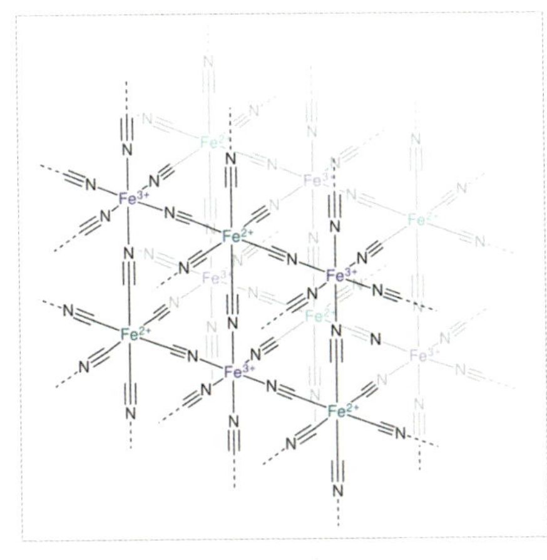

프러시안블루(Prussian Blue)의 결정 구조. 서로 다른 두 종류의 철 원자(Fe^{2+}와 Fe^{3+})가 시아노기(^-CN)를 연결 고리처럼 사이에 두고 3차원 격자를 만들며, 그 사이에 미세한 빈틈이 생긴다. © 노벨위원회.

나무 구슬에서 다이아몬드로 '공간을 설계하는 화학'

아이디어의 시작은 강의실에서 이루어졌습니다. 1974년 호주 멜버른 대학교의 리처드 롭슨 교수는 새내기 대학생들에게 분자 구조를 설명하기 위해 나무 구슬과 막대를 꺼냈습니다. 각 구슬에는 원자 결합을 표현하는 구멍이 뚫려 있었고, 이 구멍의 수와 방향이 원자마다 달랐습니다. 예를 들어 탄소는 네 방향, 산소는 두 방향, 질소는 세 방향으로 결합하는 구조를 가지고 있지요.

매년 수업을 반복하며 롭슨 교수는 중요한 점을 발견했습니다. 어떤 구멍을 어디에 뚫느냐가 구슬의 결합 방향을 결정하고, 그 방향이 모형 전체의 형태를 결정한다는 사실이었습니다. 구멍의 위치가 달라지면 아예 다른 구조가 만들어졌고, 구멍이 정확한 위치에 있으면 복잡한 모양도 흔들림 없이 완성됐습니다. 구멍의 자리 배치가 결국 구조를 설계한다는 사실을 확인한 셈이죠.

그리고 롭슨 교수는 새로운 의문을 품었습니다. '원자와 분자에서 이

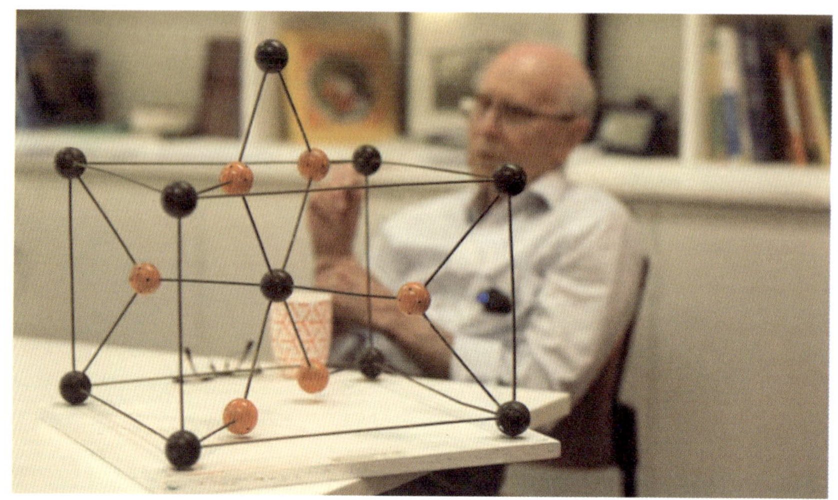

리처드 롭슨. © Paul Burston/호주 멜버른대학.

원리가 통하도록 설계할 수 있다면 어떨까?' 원자들이 스스로 일정한 각도와 방향으로 결합하도록 유도하는 구조, 즉 '분자 설계도'를 만들기 위한 연구를 시작했습니다. 1980년대 중반부터 본격적인 실험에 들어갔고, 마침내 1989년 그는 설계한 구조를 실제 물질로 만들어 내는 데 성공했습니다.

그 설계도의 모델이 된 것은 바로 다이아몬드였습니다. 다이아몬드 속 탄소 원자는 네 방향으로 결합해 정사면체를 만들고, 이 패턴이 끝없이 반복되며 완벽한 3차원 격자를 이루지요. 롭슨 교수는 다이아몬드처럼 질서정연하게 이어지면서 내부에 원자·분자가 드나들 수 있는 빈 공간을 가진 새로운 구조를 설계하기 시작했습니다. 결합 각도와 방향이 일정하게 반복되면 거대한 구조가 스스로 조립되고 안정적으로 유지된다는 원리를 자연에서 찾은 것입니다.

롭슨 교수가 강의실에서 사용
하던 나무 구슬 분자 모형 세트.
© 영국 케임브리지대학.

구리 이온과 네 팔 달린 분자의 만남

문제는 다이아몬드가 너무 단단해서 실험실에서 다루거나 변형하기가
어렵다는 점입니다. 롭슨 교수는 이 구조를 모방할 대체물을 찾아 나섰고,
구리 이온(Cu 이온)이 네 방향으로 다른 분자와 결합하는 특성에 주목했습
니다. 구리 이온을 중심에 두고 유기 분자와 결합하면, 다이아몬드처럼 질
서정연하면서도 내부에 빈 공간을 갖춘 구조를 만들 수 있을 거라고 생각
했죠.

이제 남은 일은 구리를 정확한 각도로 연결해 줄 유기 분자를 찾는 것이
었습니다. 롭슨 교수는 네 방향으로 완벽한 대칭을 이루는 분자들을 찾았고,
그중 테트라시아노테트라페닐메탄(TCTPM, tetracyanotetraphenylmethane)이
라는 분자에 주목했습니다. TCTPM은 네 방향 끝에 니트릴기($C{\equiv}N$)를 가
지고 있어, 구리 이온과 강하게 결합할 수 있습니다. 이 분자의 대칭성은
매우 중요한 요소였습니다. 균형이 조금이라도 어긋나면 전체 구조가 무
너지고, 내부 공간이 사라지게 되기 때문이지요.

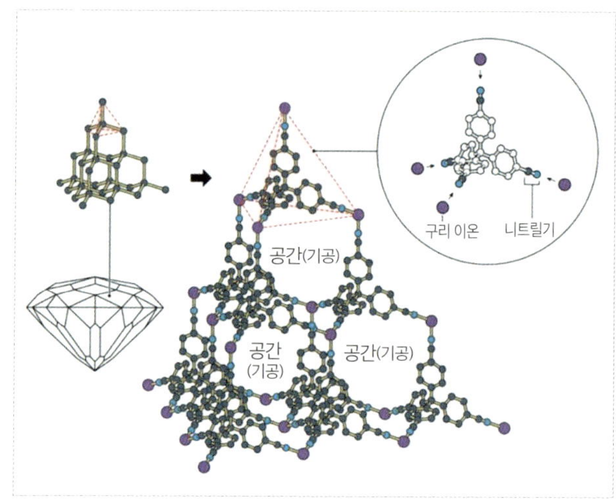

롭슨은 다이아몬드의 구조에서 힌트를 얻어, 구리 이온을 네 방향으로 연결할 수 있는 유기 분자와 결합해 규칙적인 결정 구조를 만들었다. © 노벨위원회.

그러나 당시 대부분의 화학자들은 금속과 유기 분자를 섞으면 '엉킨 실타래'처럼 될 것이라며 회의적인 반응을 보였죠. 그럼에도 불구하고 롭슨 교수는 확신을 가지고 실험을 계속했습니다. 두 물질을 섞자 TCTPM 분자는 그 대칭성을 정확하게 유지하며 구리 이온과 결합, 정사면체 형태의 구조를 만들었고, 그 안에는 분자들이 드나들 수 있는 미세한 공간이 형성되었습니다. 이는 단단한 고체 속에서도 '비어 있음'이 존재할 수 있음을 처음으로 증명한 사례였습니다.

속이 빈 고체의 증명

1989년 롭슨 교수는 이 연구를 미국화학회지(JACS, Journal of the American Chemical Society)에 발표하며 "새로운 분자 건축의 시작"이라고 선언했습니다. 이어서 그는 빈 공간이 그저 비어만 있는 건지, 아니면 실제로 움직이는 분자들과 상호작용할 수 있는지를 시험해 봤습니다. 결정을 다른 이온이 녹아 있는 용액에 담가 보니, 내부의 음이온(BF_4^-)이 빠져 나오고 새로운 이온(PF_6^-)이 들어오며 자리를 바꾸는 '이온 교환 반응'이 일어났습니다. 놀랍게도 구조는 무너지지 않았고, 안팎이 통하는 열린 공간임이 명확히 확인되었죠.

그러나 롭슨의 구조는 여전히 매우 불안정했고, 공기와 습기에 쉽게 무너졌습니다. 많은 화학자들은 '속이 비어 있다'는 것은 곧 '약하다'는 편견에서 벗어나지 못했고, 실용화 가능성도 낮다고 판단했습니다. 하지만 이를 달리 본 소수의 연구자들이 있었습니다. 구조 자체는 약했지만, 원자 단위에서 빈 공간을 설계할 수 있다는 가능성이 이미 증명되었다는 사실에 주목한 것이지요.

그리고 그 가능성을 현실적인 기술로 끌어올리는 과학자들이 등장했습니다. 1992년과 2003년 사이, 기타가와 스스무와 오마르 M. 야기는 롭슨의 연구를 서로 다른 방식으로 발전시켜 MOF 연구에 결정적인 전환점을 만들어 냈습니다. 이제 1990년대 일본에서 연구를 이어가던 기타가와 스스무의 이야기부터 이어가 보겠습니다.

'쓸모없음의 쓸모'를 찾아서

기타가와 교수는 젊은 시절 노벨 물리학상 수상자 유카와 히데키의 책에서 "가치 없어 보이는 것에서 가능성을 보라"는 문장을 읽고 깊은 인상을 받았습니다. 이 생각은 불안정하고 쓸모없어 보이는 구조 속에서도 기능을 찾아내려는 그의 연구철학이 되었지요.

1992년 기타가와 교수는 롭슨과 같은 방식으로 구리 이온과 유기 분자를 결합한 다공성 물질을 만들었습니다. 이 물질은 2차원 평면 구조로,

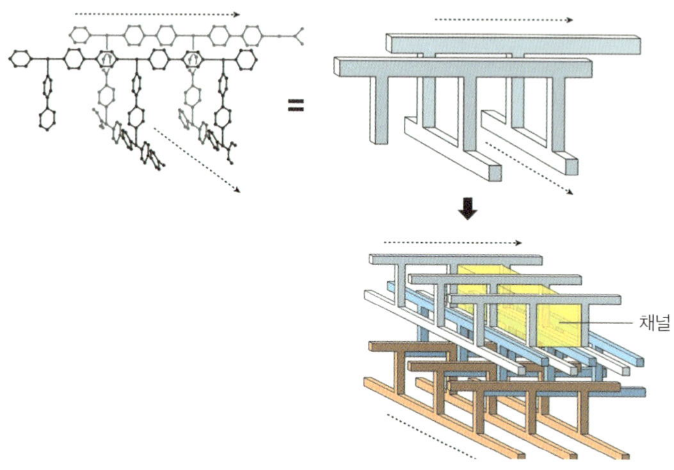

열린 통로가 교차하는 금속-유기 구조체의 구조. © 노벨위원회.

내부 공간엔 아세톤 분자가 자리 잡을 수 있었으나 매우 불안정했습니다.
대부분의 화학자들은 이를 쓸모없는 실패작으로 여겼지만 그는 다르게
생각했습니다. 그는 처음부터 그 구조가 특정한 목적을 가져야 한다고 생
각하지 않았습니다. 분자를 쌓아 공간을 설계할 수 있다는 것만으로도 큰
의미가 있었지요. 그는 구리 이온을 주춧돌로 사용해 더 큰 분자들을 연
결했습니다.

그러나 가능성을 확인했다고 해서 길이 곧바로 열리진 않았습니다. 연
구비는 끊기기 일쑤였고 "이미 제올라이트 같은 다공성 물질이 있는데 왜
불안정한 구조를 만드냐?"는 비판도 받았습니다. 그럼에도 포기하지 않
았습니다. 1997년 드디어 돌파구를 찾았지요. 구리 대신 코발트, 니켈, 아
연 이온을 선택하고, 두 금속 이온을 마주 보게 연결할 수 있는 '비피리딘
(4,4′-bipyridine)' 분자를 활용했습니다. 비피리딘은 양쪽 끝이 질소 원자

로 되어 있어 금속 이온과 다리를 놓는 역할을 합니다. 이 구조를 활용해 기타가와 교수는 처음으로 안정적인 3차원 결정을 만들어 냈죠.

그가 만든 결정은 내부에 기체가 드나들 수 있는 통로가 있었고, 수분이 건조된 뒤에도 형태를 유지했습니다. 메탄, 산소, 질소 같은 기체를 자유롭게 흡수하고 내보냈지요. 단단하면서도 유연한 고체였습니다. 쓸모없다고 여겨졌던 구조가 새로운 가능성으로 되살아난 순간이었죠. 이 구조는 훗날 금속-유기 골격체 연구의 기반이 되었습니다.

움직이는 고체, '숨 쉬는 결정'의 탄생

기타가와 교수는 1998년 일본화학회지에 논문을 발표해, 금속과 유기 분자가 결합해 만들어지는 다공성 구조의 가능성과 장점을 소개하며, 이를 '분자 건축물'이라고 정의했습니다. 제올라이트가 무기 성분으로만 이루어진 단단한 벽돌집이라면, 금속-유기 구조체는 금속 이온과 유기 분자가 엮여 만들어 내는 부드럽고 설계 가능한 집이었지요. 어떤 분자를 선택해 연결하느냐에 따라 구조의 성질을 바꿀 수 있으니 엄청난 잠재력을 갖고 있습니다.

그는 금속-유기 구조체의 특징을 세 가지로 정리했습니다. 원하는 형태를 설계할 수 있는 자유로움, 기공을 원자 단위로 조절하는 정밀함, 특정 분자를 골라 붙잡거나 반응시키는 기능적 다양성이지요. 이 연구는 MOF 개념의 기반이 되었고, 불안정하던 다공성 물질을 설계 가능한 구조로 끌어올린 전환점이 되었습니다.

그 뒤 그는 이 금속-유기 구조체들을 성질에 따라 단단한 고정형의 1세대, 부분적으로 열리고 닫히는 2세대, 자극에 따라 형태가 바뀌는 3세대

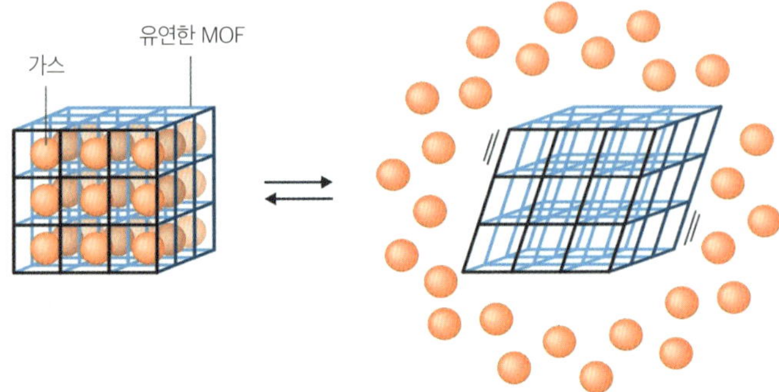

1998년 기타가와는 금속-유기 구조체가 기체의 출입에 따라 형태를 바꿀 수 있음을 보여 주었다. 이 발견은 '유연한 다공성 물질' 연구의 출발점이 되었다. © 노벨위원회.

구조로 구분했습니다. 이 중 3세대 물질은 훗날 '소프트 다공성 결정(soft porous crystals)'이라 불리는 유연한 구조로 발전했습니다.

기타가와 교수는 여기서 멈추지 않았습니다. 그는 "이 구조가 정말로 움직일 수 있을까?"라는 의문을 품고 다시 실험대 앞에 섰지요. 그는 연구팀과 함께 물리적 자극에 따라 스스로 팽창하거나 수축하는 유연한 다공성 물질을 만들어 냈습니다. 물이 닿으면 부풀고 건조하면 다시 줄어들며, 메탄과 이산화탄소를 흡수할 때마다 구조가 숨 쉬듯 반응했습니다. 이 물질을 '숨 쉬는 결정(breathing crystal)'이라고 불렀지요.

사막 소년의 눈에 비친 분자 구조

다공성 물질은 단단한 고체를 넘어 외부 환경에 반응하는 '살아 있는 결정'으로 진화했습니다. 그리고 이 구조를 더 정교하게 설계하고 더 넓은 분야로 확장한 인물이 미국 UC 버클리의 오마르 M. 야기 교수입니다.

그는 요르단의 사막 도시 암만의 단칸방에서 자랐습니다. 전기도 수도도 없는 집에 살던 그에겐 학교가 유일한 피난처였지요. 열 살 때 화학 교과서 속 '분자 구조 그림'을 보고 그는 마음을 완전히 빼앗깁니다. 점과 선의 연결을 보며 세상을 이루는 보이지 않는 질서를 느낀 것이죠.

열다섯 살에 미국으로 건너간 그는 실험에 몰두했지만 곧 한계를 깨달았습니다. 화학 반응은 지나치게 복잡해 결과를 예측하기 어렵기 때문이었죠. 그는 반응시키는 화학이 아니라 조립하는 화학을 만들고자 했습니다. 원자와 분자를 원하는 방향으로 연결할 수 있다면 완전히 새로운 물질을 직접 설계할 수 있을 거라고 본 것이죠.

1990년대 초, 야기 교수는 금속 이온과 유기 분자를 연결해 새로운 분자 구조를 설계하는 데 성공하면서 이 아이디어를 현실로 옮기기 시작했습니다. 1992년 미국 애리조나주립대학교에서 연구 그룹을 이끌며 구리, 코발트 같은 금속 이온을 중심에 두고 유기 분자를 네 방향으로 연결해 거대한 결정을 만드는 방식을 발전시켰습니다. 1995년에는 내부에 분자를 받아들이고, 분자로 꽉 채운 상태에서는 섭씨 350도에서도 무너지지 않는 안정적인 2차원 구조를 발표했지요.

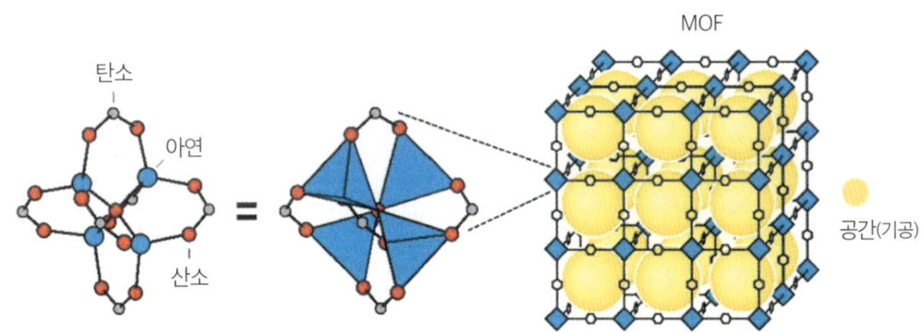

아연 이온과 유기 분자가 만나 작은 '기본 블록'(가운데 그림)을 만들고, 이 블록들이 반복적으로 이어지면 가운데가 비어 있는 큰 공간을 가진 MOF-5 구조(맨 우측 그림)가 된다. 이 넓은 빈틈이 기체나 분자가 드나드는 통로 역할을 한다. ⓒ 노벨위원회.

이 연구를 소개한 논문에서 야기 교수는 처음으로 '금속－유기 골격체', 즉 MOF라는 용어를 사용했습니다. MOF란 금속과 유기 분자가 일정한 배열로 이어지면서 내부에 분자를 위한 빈틈을 품을 수 있는 확장된 구조라는 뜻입니다.

축구장 절반 크기의 표면적을 담은 고체

1999년 야기 교수는 엄청난 내부 표면적을 지닌 'MOF-5'를 만들어 내 과학계를 놀라게 만듭니다. MOF-5는 마치 원자들이 정교하게 얽혀 있는 입체 퍼즐 같은 구조입니다. 아연(Zn) 네 개와 산소 하나가 결합해 단단한 기둥(Zn_4O 클러스터)을 세우고, 그 사이를 벤젠다이카복실산(BDC, benzenedicarboxylic acid)이라는 유기 분자가 연결하죠. 금속과 유기물이 번갈아 손을 맞잡으며 공간을 떠받치는 3차원 골격 구조입니다.

이 구조의 비밀 역시 '텅 빈 공간'에 있습니다. 1그램의 MOF-5 안에는 약 0.6세제곱센티미터의 공간이 숨어 있는데요, 이 미세한 구멍들의 벽면을 모두 펼치면 무려 2,900제곱미터로, 축구장 절반에 가까운 넓이가 됩니다. 작은 고체 안에 이런 거대한 내부 세계가 있다니 놀라운 일이죠.

야기 교수는 여기서 한 걸음 더 나아가 이 구조를 조립식으로 만들기 위해 '2차 구조 단위(SBU, secondary building unit)'라는 개념을 고안했습니다. SBU는 금속 이온과 유기 분자가 규칙적으로 연결된 작은 조각입니다. 이를 조합하면 복잡한 구조를 예측 가능한 방식으로 쌓아 올릴 수 있지요. 그가 꿈꿔 왔던 분자 단위의 '레고 블록'을 만든 셈입니다.

이 아이디어로 그는 MOF-5를 변형한 16종의 'IRMOF(isoreticular

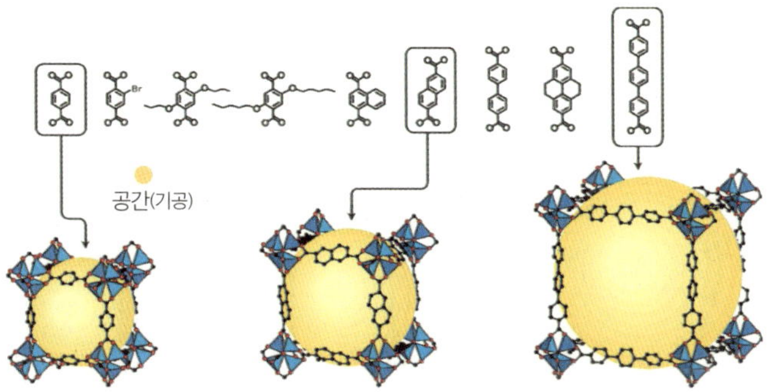

금속 조각들을 이어 주는 '분자 다리(링커)'의 길이를 바꾸면, 같은 골격 구조에서도 내부 빈 공간(노란색)의 크기를 조절할 수 있다. © 노벨위원회.

metal-organic framework) 시리즈'를 만들어 냈습니다. 기본 틀은 같으나, 유기 분자의 길이나 작용기를 바꾸어 크기와 기능이 전혀 다른 MOF들을 만든 것이죠. 야기 교수는 2000년대 들어 이런 MOF의 구조를 계획적으로 설계할 수 있는 원리를 정리해 '망상 화학(reticular chemistry)', 즉 거미줄처럼 연결된 화학이라고 칭했습니다.

공기에서 물을 추출하는 마법 같은 실험

MOF는 본격적으로 개발되며 세상을 휩쓸었습니다. 금속과 유기 분자를 조합해 다양한 성질을 가진 MOF를 설계할 수 있는 '분자 조립 키트'가 만들어졌죠. 목적에 맞는 구조를 마음대로 조합하는 시대가 열린 것입니다.

야기 교수는 사막에서 물을 채취하는 데 MOF를 활용했습니다. 그는 어린 시절 사막에서 보내며 물 한 방울이 얼마나 귀한지 알았기에 "물이 없는 곳에 물을 만들 수는 없을까?"라는 질문을 평생 붙들고 있었죠.

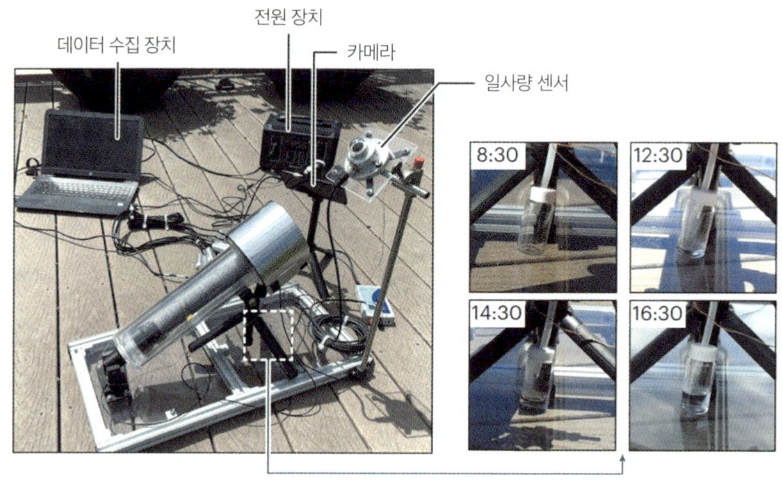

야기 교수 연구팀이 사막에서 시험한 MOF 기반 수분 포집 장치. 장치 내부의 MOF가 밤 동안 공기 중 수증기를 흡착하고, 낮에는 태양열을 받아 물을 방출한다. © 네이처(Nature).

야기 교수는 이를 위해 알루미늄 이온과 피라졸-3,5-다이카복실산 계열의 리간드를 결합해 'MOF-303'을 만들었습니다. 이 리간드는 물 분자와 잘 상호작용하는 구조여서, 공기 중의 수증기를 효과적으로 붙잡을 수 있었죠. MOF-303은 습도 20% 이하의 극도로 건조한 공기에서도 수증기를 끌어모았습니다. 밤에는 공기 중의 수분을 흡착하고, 낮에는 태양열을 받아 그 물을 방출해 용기로 떨어뜨리는 수분 순환 구조로 작동했지요.

사막에서 실험을 마친 야기 교수는 "화학은 인간의 갈증까지 해결할 수 있어야 한다"고 말했습니다. 한 소년의 질문에서 시작된 MOF는 인간의 삶을 바꾸고 전 세계 연구자들의 영감이 되었습니다.

보이지 않는 공간으로 지구를 구하다

MOF가 가장 빛을 발하는 분야는 기체를 골라 저장하고 분리하는 기술입니다. MOF 내부의 미세한 구멍의 크기와 성질을 조절하면 특정 분자만 선택적으로 받아들이거나 밀어낼 수 있습니다. 마치 체로 가루를 거르듯 기체를 걸러 내는 것이죠. 이 능력 덕분에 MOF는 공기 중 이산화탄소만 선택적으로 포집해 기후 문제를 해결하려는 탄소 감축 기술의 핵심 소재가 되고 있습니다. 어떤 MOF는 자기 무게의 몇 배에 달하는 이산화탄소를 흡착하기도 합니다.

이 능력은 산업 전반으로 확장되고 있습니다. 반도체 공정에서 사용하는 독성 가스를 포집하는 소재로 적용되지요. 군사·방호 분야에서는 화학 무기를 구성히는 유해 가스를 분해하는 기술에도 활용되고 있습니다. 전

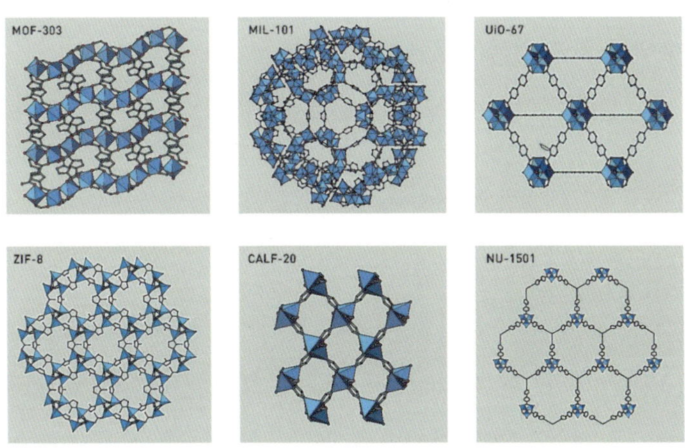

다양한 종류의 MOF 구조들. MOF-303은 건조한 공기에서도 물을 모으는 데 쓰이고, MIL-101은 큰 내부 공간 덕분에 촉매, 수소, CO_2 저장에 적합하다. UiO-67은 물속의 PFAS 같은 오염 물질을 제거하는 데 활용된다. ZIF-8은 폐수에서 희귀 금속을 선택적으로 회수하는 데 쓰이며, CALF-20은 공기 중에서 CO_2만 골라 포집하는 데 탁월하다. NU-1501은 기체를 매우 높은 밀도로 저장할 수 있어 수소 저장 연구에 주로 사용된다.
© 노벨위원회.

세계 기업들은 MOF를 활용해 공장과 발전소에서 배출되는 온실가스를 포집하는 설비를 시험 중입니다.

MOF는 저장 분야에서도 강력한 가능성을 보여 줍니다. 수소처럼 작고 가벼운 기체는 보관이 어렵지만, MOF 내부 공간에 안전하게 붙잡아 두면 더 안정적으로 운반하고 저장할 수 있습니다. 고압 탱크나 액화 방식이 아니라 '고체 상태 수소 저장소'를 설계할 수 있다는 뜻입니다.

이 밖에도 MOF는 촉매 반응을 돕는 반응실, 유해 가스를 걸러 내는 필터, 몸속 특정 위치에 약물을 데려가는 약물 운반체 등으로 활용되고 있습니다.

분자를 설계하는 시대, AI가 함께하다

MOF가 처음 등장했을 때 연구자들은 새로운 조합 하나를 만들기 위해 몇 주에서 몇 달씩 실험을 반복해야 했습니다. 금속과 유기 분자의 조합이 너무 많아, 직접 만들어 보기 전까진 어떤 구조가 제대로 작동할지 알 수 없었기 때문이지요.

그런데 AI가 등장하며 수만 종의 MOF 구조를 학습하고 어떤 조합이 안정적일지, 어떤 구조가 특정 기체를 잘 붙잡을지 미리 예측할 수 있게 됐습니다. 덕분에 연구자들은 컴퓨터로 하루 수천 개의 MOF를 가상 실험으로 테스트해 보고, '맞춤형 MOF'를 훨씬 빠르게 만들 수 있게 됐지요. MOF의 설계 속도가 빨라지면서 가능성 또한 더욱 커지고 있습니다.

먼저 에너지 산업에서는 MOF의 기공을 반응 조건에 맞게 설계하면 더 빨리 충전되고 오래 쓰는 배터리를 만들 수 있습니다. 태양 빛을 연료로 바꾸는 광촉매나 전기화학 장치도 더 효율적으로 만들 수 있지요. 의

학 분야에서는 크기와 표면을 조절해 몸속 특정 부위에서만 약이 침투되
도록 하거나, 나노미터 크기의 독성 물질을 잡아내는 초미세 필터로 사용
하는 연구가 늘고 있습니다. MRI 촬영을 돕는 대비제나, 암세포만 골라
공격하는 치료제의 운반체로도 시험 중입니다.

이제 그 시선은 더 먼 곳을 향하고 있습니다. MOF는 온도 변화에 민
감하게 반응할 수 있기 때문에 극저온 환경의 우주 기지에서도 활용이 가
능하지요. 우주선의 내부 공기 정화 시스템이나 달과 화성 기지에서 물과
산소를 순환시키는 장치의 핵심 소재로도 MOF가 주목받고 있습니다.

과학은 어디까지 상상할 수 있을까?

롭슨 교수가 "분자 구조를 설계할 수 있을까?"라는 질문을 처음 던졌
을 때, 많은 사람들은 그것을 불가능한 발상이라 여겼습니다. 하지만 불가
능해 보이는 질문이 만들어 낸 작은 빈틈은 결국 화학의 방향을 바꿨습니
다. 반응을 기다리는 화학에서 공간을 설계하는 화학으로 세계가 확장되
었지요.

"이 빈틈에 무엇을 담을 수 있을까?"

과학은 늘 단순한 질문에서 시작합니다. 앞으로도 과학은 완성된 정답
보다 아직 비어 있는 질문 속에서 길을 찾을 것입니다. 우리가 그 빈틈을
볼 줄 안다면 말이지요.

페니실린에서 MOF까지
쓸모없던 것이 세상을 바꾸다

지금은 실용성과 응용성이 강조되는 시대입니다. 과학자는 연구를 진행하기 위해 구체적인 목적과 빠른 성과를 제시해야 하지요. 그런데 MOF를 연구하던 기타가와 교수는 그와 반대의 길을 걸었습니다. 그는 일본의 이론물리학자 유카와 히데키의 영향을 받아 "진짜 유용한 것은 때로 당장은 쓸모없어 보이는 것이다"라는 장자의 말을 가슴에 새겼지요.

쓸모없는 것에 5년을 걸다

1992년 기타가와 교수는 분자 구조 속에 작은 구멍이 있는 2차원 물질을 만들었습니다. 구조는 불안정했고 별다른 기능도 없었습니다. 연구비 지원 신청도 줄줄이 거절을 당했습니다. 대부분의 과학자라면 여기서 포기했을 것입니다. 하지만 기타가와는 그러고도 5년을 더 연구했지요. 그는 훗날 "나는 그 물질이 무엇에 쓰이는지 몰랐지만, 그것이 새로운 분자 구조의 가능성을 보여 줄 거라는 확신이 있었다"고 회고했지요.

1997년 그는 금속 이온과 유기 분자를 이용한 3차원 구조체를 만들면서 반전을 일으킵니다. 이 물질은 건조된 뒤에도 형태를 유지하고 기체를 드나들게 할 수 있었습니다. 그러나 여전히 남아 있는 학계의 의심 속에 기타가와는 일본화학회지에 이렇게 썼습니다. "지금은 쓸모없어 보일지 몰라도, 이 구조는 언젠가 분자를 저장하고 분리하는 데 쓰일 것"이라고요.

2025년 12월 6일, 노벨상 시상식 참여를 위해 스톡홀름을 방문 중인 기타가와 교수가 스톡홀름에 있는 일본인 초·중등학교를 방문해 강연을 진행했다. © 교토대학 WPI 연구센터.

결국 그는 틀리지 않았습니다. 수많은 의심을 이겨 내고 마침내 세상을 바꾸는 MOF 기술을 발전시키는 데 한몫하게 되었습니다.

실험대 위의 뜻밖의 광선

기타가와가 믿었던 '쓸모없음의 쓸모'는 과학의 역사 곳곳에서 이미 증명된 바 있었습니다. 그것을 극적으로 보여 주는 사례가 바로 X선인데요.

1895년 11월 어느 겨울밤, 독일 뷔르츠부르크대학 실험실에서 물리학자 빌헬름 뢴트겐(Wilhelm Konrad Röntgen)은 진공관 실험을 끝내고 어두운 실험실에 남았습니다. 그는 진공관에서 나오는 빛이 밖으로 새지 않도록 장치를 검은 판지로 완전히 감싸 두었는데요. 장치에서 떨어진 곳에 있던 형광판이 갑자기 희미하게 빛났습니다. 진공관의 빛이 나올 수 없는 상황이었기 때문에 그 원인을 도무지 알 수 없었지요. 그는 이 빛을 정체를 알 수 없다는 의미의 X선이라 불렀습니다.

하지만 동료들의 반응은 냉담했습니다. 눈에 보이지도 않고, 용도도 알 수 없는 이 새로운 광선을 그저 실험 착오로 여긴 사람들이 많았죠. 하지만 뢴트겐은 흔

빌헬름 뢴트겐의 1900년 초상화.
© 위키미디어.

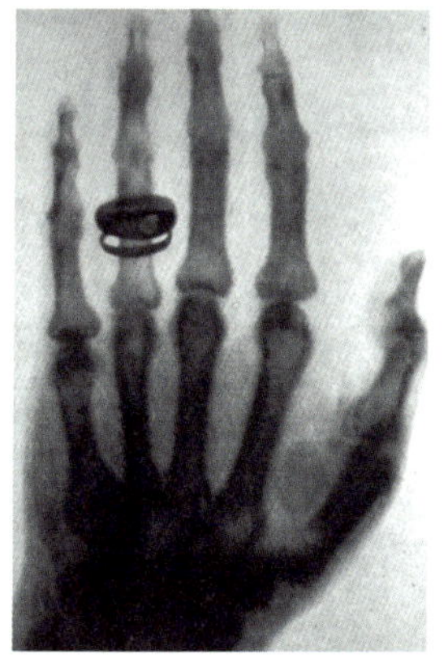

뢴트겐이 X선으로 촬영한 아내의 손. © 위키미디어.

들리지 않고 실험을 이어 갔습니다. 그는 아내 베르타의 손을 X선으로 촬영했지요. 자신의 뼈가 드러난 사진을 처음 본 베르타는 "내 죽음을 본 것 같아"라고 말했다고 전해집니다.

이윽고 이 한 장의 사진은 세상을 뒤집었습니다. 몸을 열지 않고도 내부를 볼 수 있게 되면서 골절 진단과 폐질환 검사, 치과 진료가 완전히 달라졌습니다. X선은 물리학과 화학 분야에서도 결정 구조를 분석하는 핵심 도구가 되었고, 현대의 나노물질 연구와 신약 개발에까지 활용되고 있습니다. 처음엔 그저 쓸모없어 보이던 신호를 끝까지 놓지 않은 과학자의 호기심이 인류의 시야를 완전히 새로 연 셈이죠.

곰팡이가 만든 기적

비슷한 이야기는 생명과학에서도 반복됩니다. 1928년 영국의 세균학자 알렉산더 플레밍(Sir Alexander Fleming)은 실험실을 정리하다가 며칠간 방치된 배양 접시를 발견했습니다. 그 표면에 뜻밖에도 곰팡이가 자라 있었지요. 대부분의 연구자라면 실패한 실험으로 여겨 폐기했을 겁니다.

하지만 플레밍은 곰팡이 주변에서 세균이 자라지 않는 이상한 현상에 주목했지요. 오염 속의 질서를 관찰한 것입니다. 이 곰팡이에서 추출한 항균 물질이 인류 최초의 항생제 페니실린입니다. 처음에는 주목받지 못했습니다. 효과는 흥미롭지만 너무 불안정하고 실용화가 어렵다는 평가가 뒤따랐지요. 페니실린은 그렇게 한동안 잊히는 듯했습니다.

10여 년 뒤, 영국 옥스퍼드대 연구팀이 이 논문을 다시 꺼냈습니다. 그들은 플레밍의 배양 기록을 바탕으로 곰팡이에서 순수한 페니실린 성분을 분리해 내고, 안정적으로 추출하는 방법을 찾아냈습니다. 이후 미국의 제약사들이 합류해 대량 배양과 정제

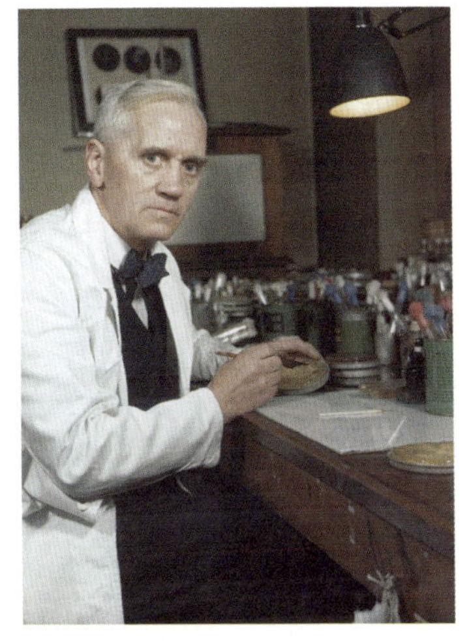

1943년 페니실린을 합성 생산하는 알렉산더 플레밍. © 영국전쟁박물관(IWM)/위키미디어.

기술을 완성하면서 페니실린은 인류를 살린 첫 번째 항생제로 태어났습니다. 그렇게 페니실린은 제2차 세계 대전 중 총상과 감염으로부터 수많은 병사를 살려 낸 '기적의 약'이 되었지요.

정답이 아닌 질문으로

당장 쓸모가 없어 보인다고 해서 그 가능성까지 사라지는 건 아닙니다. 때로는 목적 없이 자유롭게 탐색하고 순수한 호기심에서 출발한 연구 속에서 진짜 발견이 이뤄집니다. 그런 결과들이 모여 과학의 패러다임을 바꿔 왔지요.

오늘도 과학자들은 여전히 '쓸모없어 보이는 현상'에 귀를 기울입니다. 양자 얽힘이나 다차원 결정 구조, AI가 예측한 단백질 오류처럼 실용성과는 거리가 멀어 보이는 주제에 몰두하고 있지요. '그럼에도 불구하고' 멈추지 않는 자세가 언젠가 질병을 고치고, 에너지를 바꾸고, 새로운 물질을 만드는 씨앗이 되기 때문입니다.

Nobel Prize in
Medicine 2025

2025년
노벨
생리의학상

Mary Brunkow
메리 브렁코

Fred Ramsdell
프레드 램즈델

坂口志文
사카구치 시몬

2025년 노벨 생리의학상, 수상자 세 명을 소개합니다!

메리 브렁코, 프레드 램즈델, 사카구치 시몬

2025년 노벨 생리의학상은 메리 브렁코(미국 시스템생물학연구소 시니어프로그램 매니저), 프레드 램즈델(미국 소노마 바이오테라퓨틱스 과학고문), 사카구치 시몬(일본 오사카대학 석좌교수)에게 돌아갔습니다. 세 사람은 '말초 면역 관용(peripheral immune tolerance)'에 관한 획기적인 발견을 한 공로를 인정받았습니다.

우리 몸의 면역계는 매우 강력한 방어 시스템입니다. 매일 수천 종류의 세균과 바이러스로부터 우리를 지켜 주죠. 하지만 이렇게 강력한 면역계가 만약 조절되지 않는다면 어떻게 될까요? 면역계가 적을 공격하다가 실수로 우리 몸의 정상 세포까지 공격할 수도 있습니다.

세 명의 과학자들은 면역계가 어떻게 우리 몸을 공격하지 않도록 조절되는지를 밝혀냈습니다. 이들은 '조절 T세포(regulatory T cell)'라는 특별한 면역 세포를 발견했습니다. 이 세포들은 마치 경비원처럼 다른 면역 세포들을 감시하며, 우리 몸을 공격하지 못하도록 막아 줍니다.

1995년 사카구치 교수가 처음으로 조절 T세포의 존재를 발견했고, 2001년에는 브렁코 매니저와 램즈델 고문이 'Foxp3'라는 유전자를 발견해 이 유전자가 조절 T세포를 만드는 데 필수적이라는 것을 밝혀냈습니다. 그리고 2003년, 사카구치 교수가 이 모든 발견들을 연결했습니다. Foxp3 유전자가 바로 조절 T세포의 발달을 조절한다는 것을 증명한 것이죠.

이들의 발견은 자가 면역 질환과 암 치료에 새로운 가능성을 열어 주고 있습니다. 현재 조절 T세포와 관련된 치료법이 200개가 넘는 임상시험에서 연구되고 있습니다.

"면역계의 경비원, 조절 T세포를 발견하다"

메리 브렁코

· 1961년 미국 오리건주 포틀랜드 출생
· 1983년 워싱턴대학교 세포 및 분자생물학 학사 학위 취득
· 1991년 프린스턴대학교 분자생물학 박사 학위 취득
· 1994~2004년 다윈 몰레큘러사&셀텍(Celltech R&D) 연구원
· 2009년~현재 시스템생물학연구소 시니어프로그램 매니저

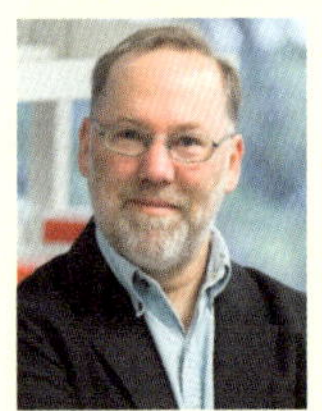

프레드 램즈델

· 1960년 미국 일리노이주 엘름허스트 출생
· 1983년 UC 샌디에이고 생화학 및 세포생물학 학사 학위 취득
· 1987년 UCLA 미생물학 및 면역학 박사 학위 취득
· 1994~2004년 다윈 몰레큘러사&셀텍(Celltech R&D) 연구원
· 2017년 크라포르드상(The Crafoord Prize) 수상
· 2019년~현재 소노마 바이오테라퓨틱스 공동창립자이자 과학 고문

사카구치 시몬

· 1951년 일본 시가현 나가하마시 출생
· 1976년 교토대학교 의학부 학사 학위 취득
· 1982년 교토대학교 의학부 박사 학위 취득
· 1998~2011년 교토대학교 프런티어 의학연구소 실험병리학과 교수
· 2015년 캐나다 가드너 국제상 수상
· 2016년~현재 오사카대학교, 교토대학교 명예교수
· 2017년 크라포르드상 수상

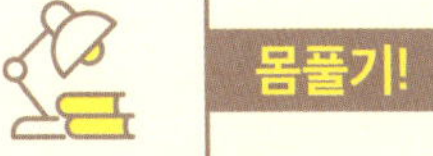

우리 몸은 매 순간 눈에 보이지 않는 위험 속에서 살아갑니다. 호흡할 때 들어오는 세균, 음식에 묻어 있는 바이러스 등 수많은 적들이 기회를 노리고 있죠. 그런데도 우리가 매일 멀쩡하게 생활할 수 있는 이유는 우리 몸속에 침입자를 감지하고 제거하는 정교한 방어망, 즉 면역계가 있기 때문입니나. 변역계는 단일 기관이 아니라 피부와 점막 같은 장벽, 혈액 속의 다양한 백혈구, 림프절과 비장 같은 면역 기관 등 여러 요소가 협력해 몸을 보호하는 복합 시스템입니다.

우리 몸의 두 가지 방어 전략

면역계는 크게 두 가지 전략을 사용해 우리 몸을 보호합니다. 하나는 우리가 태어날 때부터 갖추고 있는 '선천면역(Innate immunity)'입니다. 선천면역은 침입자를 만나면 즉시 반응하며, 어떤 병원체(바이러스, 세균, 기생충 등 병을 일으키는 생물)인지 구분하지 않고 빠르게 공격합니다. 피부, 점액, 눈물 속 항균 물질, 위산 같은 장벽이 여기에 속합니다. 몸 안으로 침입한 병원체는 대식세포나 호중구 같은 백혈구가 잡아먹어 제거합니다. 바이러스에 감염된 세포를 파괴하거나 비정상 세포를 감시하는 자연살해세포(NK세포)도 선천면역의 일부입니다. 이런 반응 덕분에 많은 병원체는 우리가 아프다는 걸 느끼기도 전에 처리됩니다.

하지만 모든 적이 이렇게 단순하지는 않습니다. 어떤 바이러스는 숨어 들거나 변이를 일으켜 선천면역을 피해 가려고 합니다. 이럴 때 더 정밀한 작전을 펼치는 '적응면역(Adaptive immunity)'이 작동합니다. 적응면역은 적을 정확히 식별하고 그에 맞춰 대응하는 '맞춤형' 방어 전략입니다. 처음 적을 만났을 때는 반응이 느리지만, 한 번 싸운 적을 기억해 두었다가 다음에 다시 침입하면 훨씬 더 빠르고 강력하게 반응합니다. 홍역이나 수두를 한 번 앓으면 다시 걸리지 않고, 백신을 맞으면 병을 예방할 수 있는 이유가 바로 여기에 있습니다.

이 과정에 항체를 만드는 'B세포'와, 감염된 세포를 제거하거나 다른 면역 세포를 지휘하는 'T세포'가 중요한 역할을 합니다. 여기서 항체는 병원체 표면에 달라붙어 움직이지 못하게 만들거나, 다른 면역 세포가 쉽게 찾아서 제거할 수 있도록 표시를 붙이는 단백질입니다.

정리해 보면, 선천면역은 '속도'가 강점이고 적응면역은 '정확성과 기억'이 강점입니다. 이 두 면역체계는 언제나 함께 작동하며 서로를 보완합니다. 만약 선천면역만 있다면 빠르게 침입자를 막아 낼 수 있지만 특정 병원체를 완전히 제거하기 어렵고, 적응면역만 있다면 반응이 너무 느려 감염이 심각해질 것입니다.

또 면역계는 외부 침입자만 상대하는 것이 아니라, 우리 몸 내부를 꾸준히 감시해 이상이 생긴 세포나 암세포를 제거하고, 염증 반응 이후에는 손상된 조직의 회복을 돕는 중요한 역할도 수행합니다. 그렇기 때문에 면역계는 단순히 '싸우는 시스템'이 아니라, 우리 몸의 균형을 유지하고 생명을 지속시키는 핵심 장치라고 할 수 있습니다.

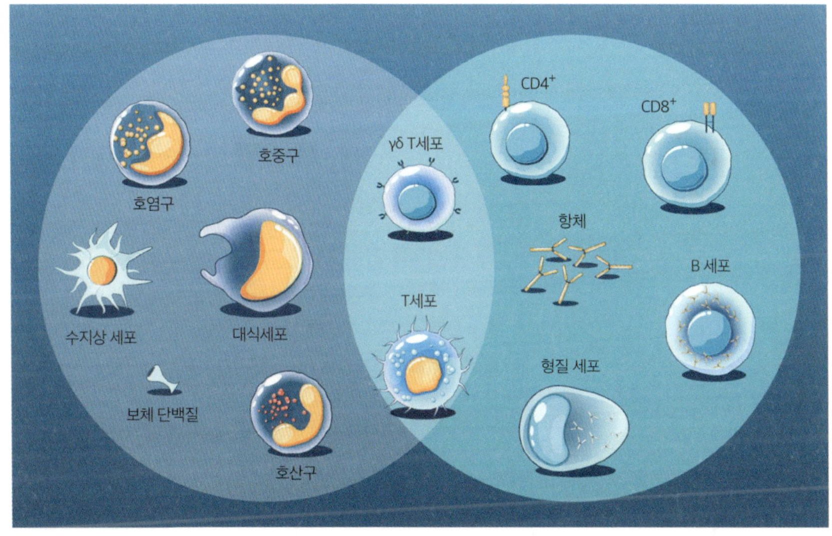

선천면역과 적응면역 체계의 세포들. © 셔터스톡.

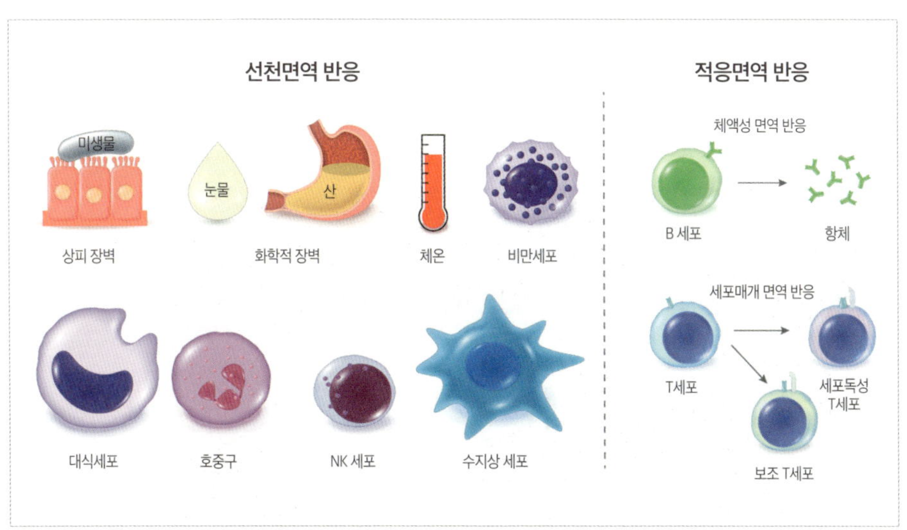

선천면역의 반응과 적응면역의 반응들. © 셔터스톡.

누가 적이고 아군인지 알아보기 위한 이름표, 항원

우리 몸의 면역계가 제대로 작동하려면, 몸 안에서 '누가 아군이고 누가 적군인지'를 구분하는 기준이 필요합니다. 쉽게 비유하자면, 면역 세포가 읽는 이름표가 있어야 하죠. 이 역할을 하는 것이 바로 '항원'입니다.

항원이란 바이러스, 세균, 곰팡이, 기생충 같은 외부 병원체뿐 아니라, 때로는 독소나 화학 물질, 알레르기 유발 물질, 그리고 비정상 세포(암세포)에 이르기까지 우리 면역계가 인식할 수 있는 분자 구조를 가진 모든 물질을 말합니다. 보통 병원체의 표면 또는 내부에 있는 단백질이나 당, 지질 또는 핵산으로 이루어지며, 면역 세포의 수용체나 항체와 결합할 수 있는 고유한 모양을 지닙니다.

일반적으로 몸 밖에서 들어온 병원균, 꽃가루, 음식 속 단백질 등이 지닌 항원을 '외부 항원'이라 부르고, 우리 몸 자체의 세포가 지닌 정상 항원을 '자기 항원'이라고 합니다. 면역계는 이 항원을 보고 우리 몸의 일부인지 또는 외부에서 침입한 존재인지를 구분합니다.

외부 항원은 면역계에 "이건 너희가 처리해야 할 대상이다"라고 알리

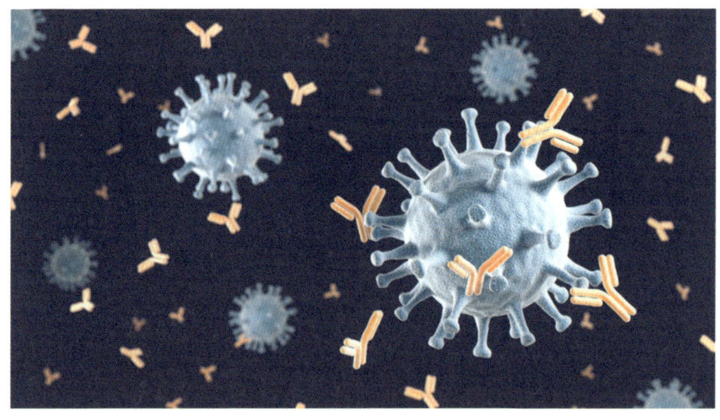

바이러스와 항체.
© 셔터스톡.

는 신호입니다. 면역 세포는 이 신호를 보고 공격 대상을 인식해 면역 반응을 시작해요. 항원의 존재 덕분에 적응면역 체계는 병원체를 정확히 식별하고, 항체를 만들거나 T세포를 활성화해 방어할 수 있습니다.

면역계의 지휘관이자 특수부대, T세포

이제 적응면역의 '사령관'이라고 할 수 있는 T세포에 대해 알아볼까요? T세포는 골수에서 태어난 뒤 '흉선'이라는 작은 기관으로 이동합니다. 여기서 진짜 T세포로 자라나죠. T세포의 T도 흉선의 영어 단어인 'thymus'에서 따온 것입니다. 흉선은 일종의 T세포 훈련소 겸 시험장으로, 여기서 T세포 후보들은 "내 몸의 세포는 공격하지 않고, 낯선 침입자만 공격하라"는 시험을 통과해야만 성숙됩니다.

성숙한 T세포는 크게 두 종류로 나뉩니다. 먼저 '지휘관' 역할을 하는 '보조 T세포($CD4^+$ T세포)'가 있어요. 이들은 병원체를 직접 죽이진 않지만, 다른 면역 세포들에게 "지금 침입자가 들어왔어!"라고 신호를 보내 전체

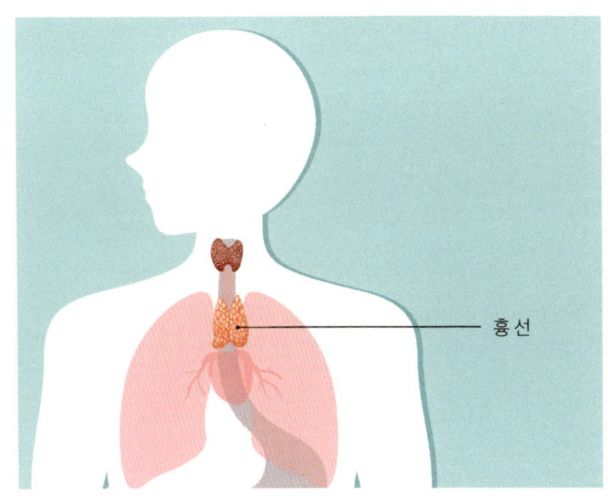

흉선은 갑상샘 아래, 심장 위쪽에 있는 면역 기관이다.
© 셔터스톡.

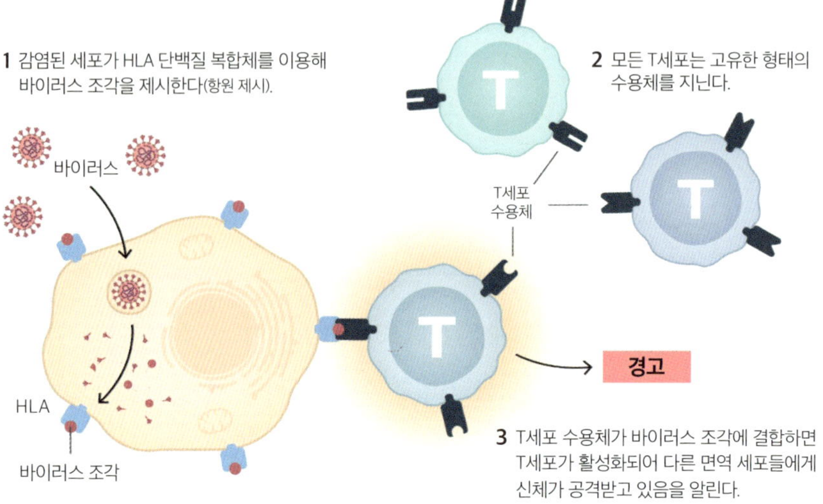

T세포가 바이러스를 발견하는 과정. © 노벨위원회.

면역 반응을 조율합니다. B세포에게 항체를 만들라고 지시하고, 병원체를 잡아먹는 대식세포나 병든 세포를 죽이는 T세포를 활성화하기도 합니다.

다른 하나는 '킬러' 역할을 하는 '세포독성 T세포($CD8^+$ T세포)'입니다. 이 세포는 바이러스에 감염된 세포나 암세포 같은 '몸 안의 적' 세포를 직접 찾아내어 파괴하는 특수 부대입니다. 감염 세포 표면에 나타난 항원을 인식한 뒤, 그 세포를 죽이는 물질을 분비해 제거하죠. 이렇게 하면 우리가 항체만으로는 막기 어려운, 세포 내부에 숨어 있는 바이러스나 비정상 세포까지 없앨 수 있습니다.

그런데 T세포는 적을 어떻게 인식할까요? T세포 표면에는 'T세포 수용체(TCR)'라는 특별한 단백질이 있습니다. 이것은 마치 열쇠 구멍처럼 특정한 모양을 가지고 있어서, 그 모양에 딱 맞는 항원만 인식할 수 있습니다.

흥미로운 것은, 우리 몸에는 수억 개의 T세포가 있고 각 T세포마다 서로 다른 수용체를 지니고 있다는 점입니다. 이는 마치 수백만 개의 서로 다른 모양의 레고 블록을 가지고 있어 어떤 구조물이든 만들 수 있는 것과 같습니다. 그래서 면역계는 매우 다양한 병원균과 비정상 세포를 인식할 수 있는 능력이 있죠. 이처럼 T세포는 우리 몸의 위협을 정확히 인식하고, 어떤 전략을 쓸지 조종하며, 때로는 직접 공격까지 하는 면역계의 핵심 전력이라고 할 수 있습니다.

내 몸을 공격하는 병, 자가 면역 질환

그런데 이렇게 강력한 힘을 가진 T세포가 잘못된 대상을 공격한다면 어떤 일이 벌어질까요? 실제로 면역계는 가끔 우리 몸의 정상 조직을 적으로 착각하고 공격할 때가 있습니다. 이런 상태를 '자가 면역 질환'이라고 합니다.

자가 면역 질환은 하나의 병이라기보다는, 몸의 거의 모든 장기나 조직에 나타날 수 있는 수십에서 1백 가지가 넘는 다양한 병의 집합입니다. 예를 들어 췌장의 인슐린 생성 세포를 공격해 생기는 제1형 당뇨병, 관절을 파괴하는 류머티즘 관절염, 신경을 감싸 보호하는 막을 공격해 운동과 감각에 장애를 일으키는 다발성 경화증, 피부·관절·신장을 포함한 여러 장기를 한꺼번에 공격하는 루푸스 등이 있습니다. 자가 면역 질환은 무척 다양한 형태로 나타나며, 누구에게나 생길 수 있습니다.

이런 자가 면역 질환은 대부분 만성 질환으로, 평생 관리가 필요합니다. 통증이나 피로 등으로 삶의 질이 떨어질 수 있고 치료도 쉽지 않습니

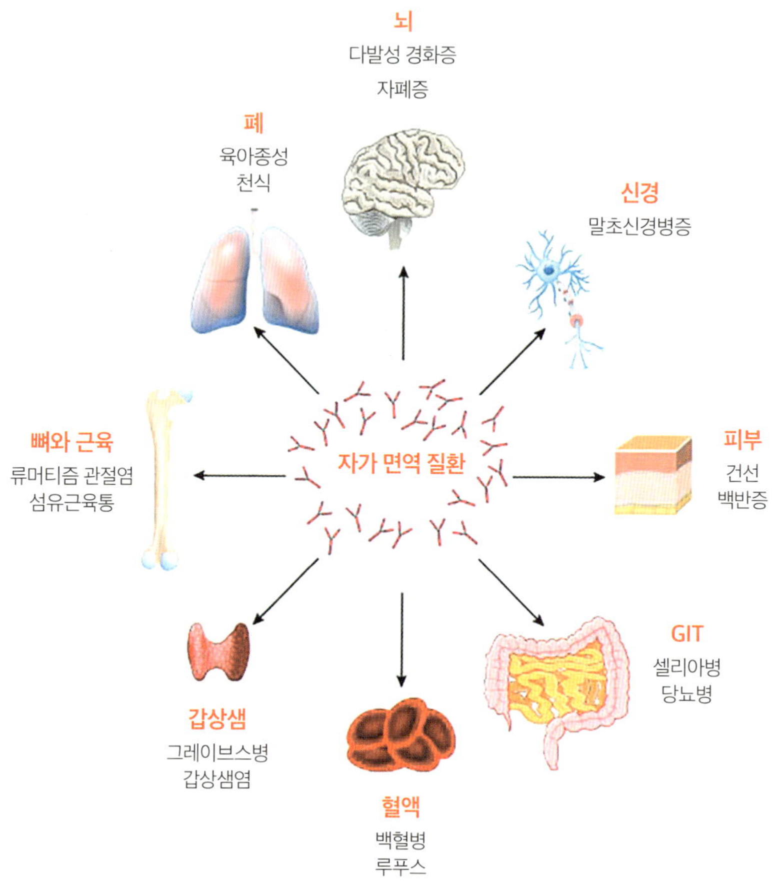

자가 면역 질환의 종류. ⓒ 셔터스톡.

다. 면역계의 공격을 막기 위해 면역을 억제하면, 오히려 감염 같은 위험이 커지기 때문입니다. 즉, 자가 면역 질환은 아군과 적군이 뒤섞인 혼란스러운 전장이라고 할 수 있습니다.

면역 세포도 교육이 필요하다! 면역 관용

그렇다면 면역계는 왜 이런 혼동을 일으킬까요? 사실 면역 세포가 처음 만들어질 때는 자기 항원과 외부 항원을 구분하지 못합니다. 마치 갓 태어난 아기가 모든 사람을 낯설어하는 것처럼, 면역 세포도 교육을 받아야 '우리 편'과 '적'을 구분할 수 있습니다.

건강한 면역계에는 이렇게 '우리 몸'과 '외부'를 구분해 교육하는 안전장치가 있습니다. 이 장치는 태어날 때부터 작동해서, 자기 항원에 반응하는 면역 세포들은 자동으로 제거됩니다. 이를 '면역 관용(immune tolerance)'이라고 합니다. 이 관용 시스템이 제대로 작동하지 않거나 깨질 때, 면역계는 자기 자신을 외부 침입자로 착각하고 공격하게 됩니다. 이 면역 관용은 크게 두 단계로 나뉩니다. 첫 번째가 '중추 면역 관용'입니다. 중추 면역 관용은 T세포가 흉선에서 성숙하는 과정에서 일어납니다.

앞서 T세포는 흉선에서 훈련을 받고 시험을 치른다고 했습니다. 수많은 T세포들 중 우리 몸의 정상적인 항원과 강하게 결합하는 T세포가 있을 수 있습니다. 이런 T세포는 나중에 우리 몸을 공격할 가능성이 크기에 곧바로 제거됩니다. 실제로 이 시험은 매우 혹독해서, 흉선에 들어온 T세포 중 대부분이 탈락하고 3~5% 정도만 살아남아 몸 밖으로 나갈 수 있다고 알려져 있습니다. 즉, 흉선은 면역계의 실수를 줄이기 위해 철저한 예비 검사를 수행하는 곳입니다.

하지만 여기에는 한계가 있습니다. 우리 몸의 모든 단백질이 흉선에 다 존재하지 않기 때문이죠. 뇌, 눈, 췌장처럼 특정 장기에서만 만들어지는 단백질은 흉선에 없을 수 있습니다. 이 말은 곧, 그런 단백질을 공격할 수 있는 위험한 T세포가 시험을 통과해 살아남을 가능성이 있다는 뜻입

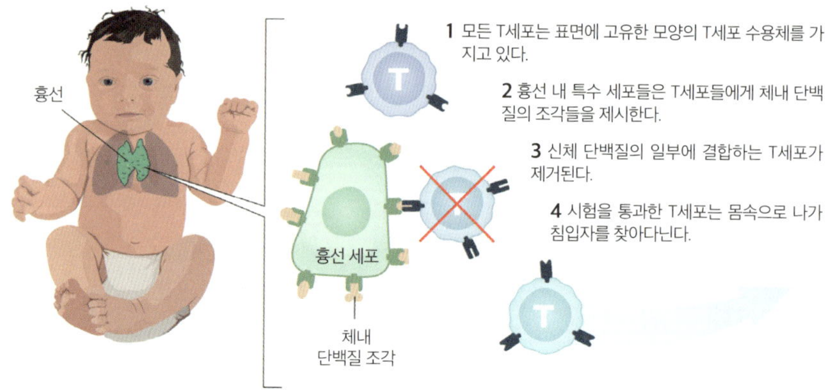

유해한 T세포가 제거되는 방식. © 노벨위원회.

니다. 그러니까 중추 면역 관용은 면역계 오류를 어느 정도까지 막을 수는 있지만, 완벽한 시스템은 아닙니다.

그래서 몸속 곳곳을 돌아다니는 T세포들 사이에서 여전히 내 몸을 적으로 착각할 후보들이 존재하게 됩니다.

그렇다면 흉선에서 빠져나온 이런 위험한 T세포들은 어떻게 처리될까요? 여기서 등장하는 두 번째가 바로 '말초 면역 관용(peripheral tolerance)'이며, 이것이 2025년 노벨상 수상자들이 밝혀낸 핵심 원리입니다.

면역의 브레이크, 조절 T세포의 발견

1990년대 중반, 대부분의 면역학자들은 중추 면역 관용만으로 자가 면역을 막기에 충분하다고 생각했습니다. 흉선에서 우리 몸을 공격할 수 있는 T세포들을 미리 골라내 죽이면, 밖으로 나가는 T세포들은 모두 안전할 것이라고 본 거죠.

하지만 일부 과학자들은 다른 생각을 했습니다. 흉선을 통과해 몸 밖으로 나간 후에도, T세포를 감시하고 억제하는 특별한 세포가 있지 않을까요? 과학자들은 이런 '억제 T세포'가 있을 거라고 생각했습니다. 다른 T세포들이 너무 과한 반응을 일으키지 않도록 브레이크를 거는 역할을 한다는 거죠. 그런데 당시에는 이를 뒷받침할 뚜렷한 증거가 없어 '억제 T세포' 가설은 많은 비판을 받았습니다.

바로 이때, 사카구치 시몬 교수가 과감한 실험으로 이 논란을 정리합니다. 그는 생후 3일 된 생쥐의 흉선을 제거했습니다. 흉선이 없으면 새로운 T세포가 만들어지지 않습니다. 그러자 놀라운 일이 일어났습니다. 흉선을 제거한 쥐들이 심각한 자가 면역 질환에 걸린 겁니다. 위장에 염증이 생기고, 갑상샘이 공격받고, 다양한 장기에 문제가 생겼습니다.

이 결과를 보고, 사카구치 교수는 "흉선에서 무언가 자가 면역을 막아 주는 특별한 세포가 만들어지는 게 아닐까?"라는 의문을 가집니다. 그리

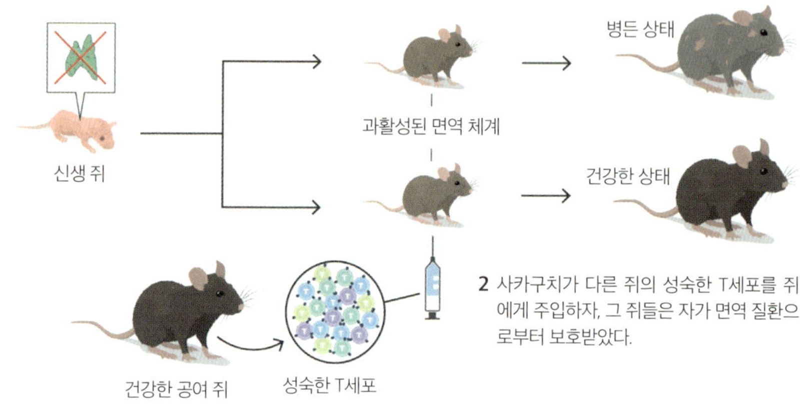

사카구치의 실험 © 노벨위원회.

고 정상 생쥐의 T세포를 자세히 분석했죠. 그 결과, 흥미로운 사실을 발견했습니다. T세포의 약 5~10%가 'CD25'라는 특이한 안테나를 달고 다닌다는 것이었죠. CD25는 '인터루킨-2(IL-2) 수용체'인데요. 쉽게 말해 IL-2라는 물질을 받아들이는 역할을 합니다.

여기서 '인터루킨'은 면역 세포들끼리 주고받는 신호물질을 말합니다. 우리가 문자 메시지를 보내 소통하듯이, 면역 세포들도 서로 신호를 주고받으며 소통하는데요. 이때 사용하는 화학 신호 물질이 인터루킨입니다. 현재까지 40가지가 넘는 인터루킨이 발견됐는데, 각각 다른 메시지를 전달합니다. 그중 IL-2는 T세포를 증식하게 하고 활성화하는 메시지를 보냅니다. CD25라는 안테나를 통해서 말이죠.

사카구치 교수는 CD25를 가진 T세포들이 뭔가 특별한 역할을 할 것이라고 직감합니다. 그래서 이를 확인하기 위한 실험을 진행했죠. 먼저 정

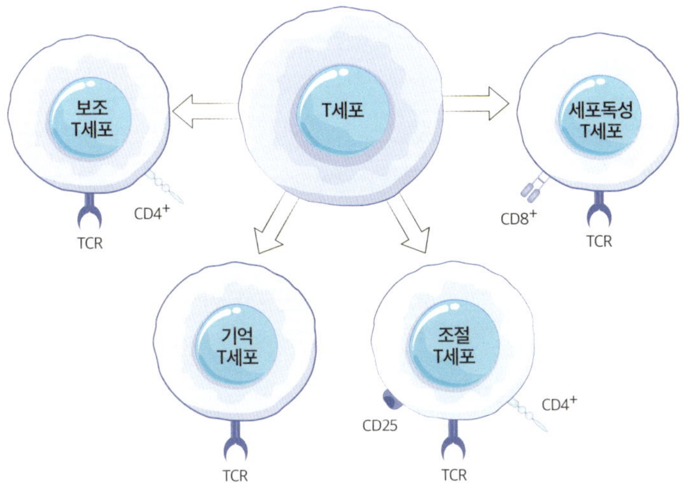

T세포 종류. © 셔터스톡.

상 생쥐의 T세포에서 CD25가 있는 세포들을 골라내 제거했습니다. 그리고 CD25가 없는 나머지 T세포들만 흉선이 없는 생쥐에게 주입했습니다. 결과는 예상대로였습니다. 생쥐들은 심각한 자가 면역 질환에 걸렸습니다. 면역 세포들이 생쥐의 몸을 마구 공격한 것이죠.

하지만 CD25를 가진 T세포를 함께 주입하면, 자가 면역 질환이 생기지 않았습니다. CD25를 가진 T세포들이 다른 T세포들을 조절해서 자기 몸을 공격하지 못하게 막아 준 것입니다. 이 실험으로 사카구치 교수는 중요한 사실을 증명했습니다. CD25를 가진 특별한 T세포 집단이 있으며, 이 세포들이 다른 T세포들의 폭주를 막는 브레이크 역할을 한다는 것입니다. 그는 이 세포들에 '조절 T세포(regulatory T cells)'라는 이름을 붙였습니다.

하지만 이 결과에도 많은 과학자들은 여전히 회의적인 태도를 보였습니다. CD25는 활성화된 T세포를 발현하는 표지이기도 했기에, 조절 T세포만의 고유한 표지가 아니었거든요. 조절 T세포를 명확하게 구분할 수 있는 더 확실한 증거가 필요했죠. 그 결정적인 정보는 메리 브렁코 매니저와 프레드 램즈델 고문으로부터 나왔습니다. 하지만 그들의 이야기를 이해하려면, 먼저 아주 특별한 생쥐에 대해 알아야 합니다. 시간을 50년 전으로 돌려, 1940년대 미국으로 가 보겠습니다.

우연히 태어난 비극적인 생쥐들

1940년대 미국 테네시주 오크리지에 있는 한 실험실. 이곳에서는 원자폭탄을 개발하는 맨해튼 프로젝트의 일환으로 방사선이 생명체에 미치는 영향을 연구하고 있었습니다. 그런데 어느 날, 실험실에서 태어난 수컷 생쥐들 일부가 이상했습니다. 피부가 비늘처럼 벗겨지고, 비장과 림프절이 비정상적으로 부어올랐으며, 태어난 지 불과 3~4주 만에 죽어 버렸죠. 연구자들은 이 생쥐들의 허약하고 초췌한 모습을 보고 '비듬투성이'라는 뜻을 가진 영어 단어 '스커피(scurfy)'라는 이름을 붙였습니다.

스커피 생쥐들은 우연히 X염색체에 돌연변이가 일어났습니다. 암컷은 X염색체가 두 개이기 때문에 그중 하나가 정상이라면 다른 하나가 돌연변이라도 병에 걸리지 않았지만, 수컷은 X염색체가 한 개뿐이기 때문에 바로 증상이 나타났죠.

1990년대 이후부터 과학자들은 스커피 생쥐가 왜 그렇게 빨리 죽는지 본격적으로 연구하기 시작했습니다. 연구 결과, 스커피 생쥐들은 심각한 자가 면역 질환을 앓는다는 것이 밝혀졌습니다. T세포가 자기 몸의 조직을 마구 공격해서 죽는 것이었죠.

브렁코와 램즈델, Foxp3 유전자를 찾아내다

1990년대 후반, 브렁코 매니저와 램즈델 고문은 미국 워싱턴주에 있는 바이오 제약회사 셀텍(Celltech)에서 함께 일하고 있었습니다. 두 사람은 자가 면역 질환 치료제를 개발하던 중 스커피 생쥐가 중요한 단서를 줄 수 있다고 생각했어요. 그래서 이 생쥐에게서 문제가 되는 유전자를 직접 찾아내기로 했습니다.

하지만 이는 엄청나게 어려운 도전이었습니다. 생쥐의 X염색체는 약 1억 7,000만 개의 염기쌍으로 이뤄져 있는데, 이 방대한 DNA 속에서 문제가 되는 유전자를 찾는 것은 마치 거대한 건초더미에서 바늘 하나를 찾는 것과 같았기 때문입니다. 오늘날이야 생쥐의 '전체' 유전체를 단 며칠 만에 분석할 수 있지만, 당시에는 유전체 염기 서열 분석 기술이 지금처럼 발달하지 않았습니다.

그래도 두 사람은 포기하지 않고 끈질기게 연구했습니다. 먼저 염색체 지도를 보며 대략적인 위치를 파악해, 돌연변이가 있을 만한 영역을 약 50만 개의 염기로 좁히는 데 성공했죠. 하지만 50만 개도 여전히 엄청난 숫자였습니다. 이들은 몇 년간의 연구 끝에 유전자 후보를 20개로 좁히는 데 성공했습니다.

다음 과제는 정상 생쥐와 스커피 생쥐를 대상으로 이 20개의 유전자를 하나씩 비교하는 것이었습니다. 첫 번째 유전자, 두 번째 유전자…. 그렇게 하나하나 유전자를 비교하던 그들은 드디어 마지막 스무 번째 유전자에서 스커피 돌연변이를 일으키는 유전자를 찾아냈습니다.

이 유전자는 이전에 알려지지 않았던 새로운 유전자였지만, 'FOX 유전자군'이라고 불리는 유전자 그룹과 비슷한 특징을 가지고 있었습니다.

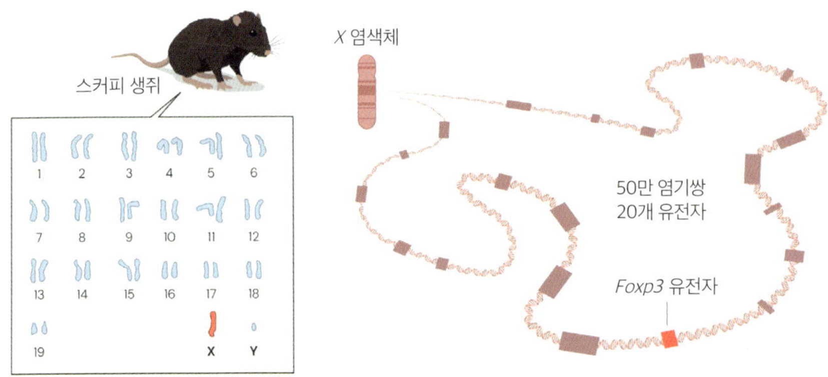

스커피 돌연변이는 면역 체계에 반란을 일으킨다. 브렁코와 램즈델은 이 돌연변이가 일어난 영역을 좁혀 나간 끝에 마침내 Foxp3 유전자의 위치를 찾아냈으며, 이 유전자가 조절 T세포의 발달에 결정적인 역할을 한다는 사실을 밝혀 냈다.

브렁코와 램즈델이 '스커피'의 돌연변이 유전자를 찾아낸 과정. © 노벨위원회.

그래서 브렁코 매니저와 램즈델 고문은 이 유전자에 'Foxp3'라는 이름을 붙였습니다.

Foxp3는 '전사인자'라고 부르는 단백질입니다. 전사인자는 DNA에 있는 수많은 유전자 중 어떤 유전자를 켜고 어떤 유전자를 끌지 결정하는 역할을 합니다. 이후에 밝혀지지만, Foxp3는 조절 T세포가 되기 위해 필요한 여러 유전자를 켜는 스위치 역할을 하는 유전자였습니다.

사람에게도 같은 병이 있었다

브렁코 매니저와 램즈델 고문은 여기서 멈추지 않았습니다. 그들은 사람에게도 같은 유전자가 있는지 확인했습니다. 그리고 놀라운 발견을 했죠. 'IPEX 증후군'이라는 희귀 자가 면역 질환을 앓는 환자들이 바로 이 Foxp3 유전자에 돌연변이를 가지고 있었던 것입니다.

　IPEX 증후군은 스커피 생쥐들처럼 X염색체 돌연변이 질환으로, 이 병을 가진 아기들은 대부분 남자아이입니다. 태어난 지 몇 개월 안에 심각한 증상이 나타나는데요. 심한 설사가 멈추지 않고, 제1형 당뇨병이 생기고 피부 습진, 갑상샘 질환, 빈혈, 신장 문제 등 온몸에서 자가 면역 반응이 일어납니다. 치료하지 않으면 대부분 2~3세 전에 사망하는데, 현재 골수이식만이 유일한 치료법입니다.

　2001년, 브렁코 매니저와 램즈델 고문은 이 중요한 발견을 논문으로 발표했습니다. 논문에는 두 가지 중요한 사실이 담겼습니다. 첫째, Foxp3 유전자가 조절 T세포의 발달에 필수적이라는 것. 둘째, 조절 T세포가 없으면 심각한 자가 면역 질환에 걸린다는 것입니다.

모든 퍼즐이 맞춰지다

　2003년 사카구치 교수 연구팀은 이 모든 퍼즐을 하나로 맞췄습니다. 연구팀은 1995년에 발견했던 CD25 조절 T세포를 자세히 분석했습니다. 그리고 놀라운 사실을 발견했죠. 이 조절 T세포들이 모두 Foxp3 유전자를 발현하고 있던 것입니다!

　연구팀은 한 걸음 더 나아갔습니다. 만약 Foxp3가 정말 중요하다면, 이 유전자 하나만으로 일반 T세포를 조절 T세포로 바꿀 수 있지 않을까? 연구팀은 정상적인 일반 T세포에 유전자 편집 기술을 활용해 Foxp3 유전자를 인위적으로 넣었습니다. 그 결과, 실제로 Foxp3 유전자를 발현하기 시작한 일반 T세포가 조절 T세포로 변신했습니다.

　반대 실험도 해 봤습니다. 조절 T세포에서 Foxp3를 제거했더니, 억제 기능을 완전히 잃어버렸죠. 이 실험들로 Foxp3의 역할이 명확해졌습니다. Foxp3는 단순히 조절 T세포에 있는 유전자가 아니라, 조절 T세포를 만들어 내는 '마스터 스위치'였던 겁니다.

이제 모든 퍼즐 조각이 제자리를 찾았습니다. 1995년 사카구치 교수는 CD25를 가진 특별한 T세포가 존재하며, 이 세포들이 다른 T세포가 우리 몸을 공격하지 못하게 막는다는 것을 발견했습니다. 2001년 브렁코 매니저와 램즈델 고문은 Foxp3 유전자에 문제가 생기면 심각한 자가 면역 질환이 생긴다는 것을 밝혀내며, 이 유전자가 면역 조절에 필수적이라는 것을 증명했습니다. 그리고 2003년, 사카구치 교수는 Foxp3가 바로 조절 T세포를 만드는 핵심 유전자라는 것을 증명했습니다.

세 발견이 연결되면서 완전한 그림이 그려졌습니다. Foxp3 유전자가 작동하면 조절 T세포가 만들어지고, 이 조절 T세포들이 다른 T세포들을 감시하며 우리 몸을 공격하지 못하도록 막는다는 것이 명확해진 것입니다. 이 발견들로 '말초 면역 관용'이라는 새로운 연구 분야가 활짝 열렸습니다. 과학자들은 비로소 면역계가 어떻게 자기 조절을 하는지, 그 비밀의 핵심을 이해하게 되었죠.

조절 T세포는 어떻게 작동할까?

그렇다면 조절 T세포는 어떻게 다른 면역 세포들을 조절하고, 자가 면역 반응을 막을까요? 과학자들의 연구 결과, 조절 T세포는 여러 가지 방법을 사용한다는 것이 밝혀졌습니다.

첫 번째 방법은 면역 세포들에게 "진정하라"는 신호를 보내는 겁니다. 조절 T세포는 IL-10, TGF-β 같은 특별한 신호물질을 분비합니다. 이들을 '억제성 사이토카인'이라고 부르는데, 주변 면역 세포들에게 "침착하

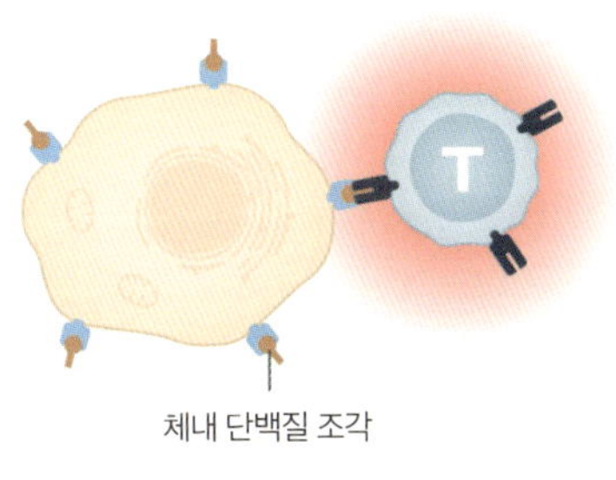

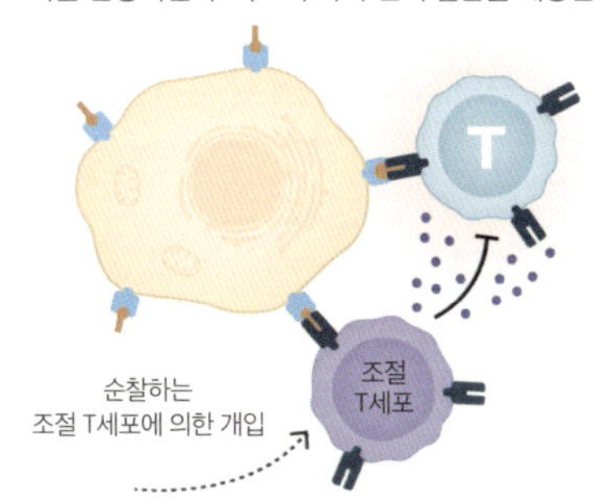

조절 T세포가 우리 몸을 보호하는 방법. © 노벨위원회.

세요!” “적인지 확인하기 전에는 공격하지 마세요!”라는 메시지를 전달합니다.

또 조절 T세포는 활성화된 T세포에 직접 달라붙어 이들의 활동을 억제하기도 합니다. 조절 T세포 표면에 있는 'CTLA-4'라는 단백질이 이런 역할을 합니다. CTLA-4는 T세포가 활성화되는 데 필요한 신호를 가로챕니다. 난동을 부리려는 사람을 경찰관이 붙잡아 진정시키는 것처럼 말이죠.

좀 더 교묘한 방법도 있습니다. 조절 T세포는 주변 환경의 영양분을 빨아들이기도 합니다. 특히 IL-2를 대량으로 흡수합니다. 앞서도 설명했지만, IL-2는 T세포가 활성화되고 증식하는 데 꼭 필요한 신호물질입니다. 그런데 조절 T세포가 이 IL-2를 먼저 다 소비해 버리면, 다른 T세포들은 영양분이 부족해져서 활성화되지 못합니다. 마치 자동차에서 휘발유를 빼 버리면 달릴 수 없는 것과 같습니다.

마지막으로, 조절 T세포는 '수지상세포'라는 또 다른 면역 세포를 조절합니다. 수지상세포는 T세포에게 항원을 보여 주면서 “이런 적이 침입했어요!"라는 정보를 전달합니다. 조절 T세포는 이런 수지상세포의 활동을 조절해 T세포가 너무 많은 정보를 받지 않도록 막습니다.

조절 T세포는 이렇게 다양한 방법을 통해 면역 반응의 균형을 유지합니다. 병원균이 침입하면 면역계가 충분히 강하게 반응하도록 허용하지만, 동시에 우리 몸의 정상 조직을 공격하지는 않도록 조절하는 거죠. 또 감염이 끝난 뒤, 면역 반응이 계속 과하게 활성화된 상태로 남아 있지 않도록 진정시키는 역할도 합니다. 적을 물리친 후에는 전투 모드를 끄고 평화 모드로 돌아가야 하니까요.

조절 T세포, 병을 치료하는 열쇠가 되다

그렇다면 이 강력한 조절 능력을 병 치료에 활용할 수는 없을까요? 과학자들은 바로 여기에 주목했습니다. 우선 조절 T세포를 자가 면역 질환 치료에 활용하는 연구가 진행 중입니다. 류머티즘 관절염, 제1형 당뇨병, 다발성 경화증 같은 자가 면역 질환자들을 조사해 보니, 조절 T세포의 수가 적거나 기능이 약한 경우가 많았습니다.

과학자들은 이를 해결하기 위해 두 가지 방법을 연구하고 있습니다. 첫 번째는 IL-2를 투여해 조절 T세포를 증식하도록 하는 것입니다. 두 번째는 환자에게 조절 T세포를 직접 주입하는 것입니다. 환자의 혈액에서 조절 T세포를 조금 채취한 다음, 실험실에서 대량으로 증식합니다. 이렇게 늘린 조절 T세포를 다시 환자에게 주입하는 것이죠.

현재 램즈델 고문이 공동 창립한 소노마 바이오테라퓨틱스에서 류머티즘 관절염 치료를 위한 조절 T세포 치료제를 임상시험 중입니다. 류머티즘 관절염에서 염증을 일으키는 단백질을 표적으로 하는 조절 T세포를 만들고 증식해 환자에게 주입하는 방식이죠.

조절 T세포는 장기 이식을 받은 환자들에게도 좋은 해결책이 될 수 있습니다. 장기 이식을 받으면 면역계가 새로운 장기를 '외부 침입자'로 인식해 공격합니다. 이를 막기 위해 환자들은 평생 면역 억제제를 먹어야 하는데, 이 때문에 다른 감염에 취약해지는 심각한 부작용이 생깁니다. 이때 조절 T세포를 이용하면 이식받은 장기만 특별히 보호하면서 나머지 면역계는 정상적으로 작동하게 할 수 있습니다.

예를 들어 환자의 조절 T세포를 채취해 증식한 뒤, 표면에 특수한 항체를 붙입니다. 이 항체는 마치 주소처럼 작동해서 조절 T세포가 이식받은 장기로 정확히 이동하게 하죠. 그러면 이 조절 T세포들이 이식받은 장기 주변에서 경비를 서면서, 다른 면역 세포들이 새 장기를 공격하지 못하도록 막아 줄 수 있습니다.

이와 반대로, 암 치료에서는 이런 조절 T세포가 오히려 문제가 됩니다. 암세포 주변에는 조절 T세포가 잔뜩 모여 있는데요. 암세포가 자신을 보호하기 위해 조절 T세포를 불러 모았기 때문입니다. 이들이 암세포를 공격하는 면역 세포들을 억제하는 거죠. 그래서 암 치료에서는 정반대의 전략이 필요합니다. 종양 주변의 조절 T세포를 허물어서 면역계가 암세포에 접근할 수 있도록 만드는 것입니다. 이를 위해 조절 T세포의 기능을 억제하는 치료법이 연구되고 있습니다.

현재 전 세계적으로 조절 T세포와 관련된 치료법 중 수백 건이 넘는 임상시험이 이뤄지고 있습니다. 자가 면역 질환, 장기 이식, 암뿐만 아니라 알레르기, 염증성 장 질환 등 다양한 분야에서 조절 T세포를 활용하려는 시도가 이뤄지고 있죠.

조절 T세포는 자가 면역 질환의 치료제가 되기도 하지만, 반대로 암 치료에서는 방해가 되어 조절 T세포를 억제하는 방법이 연구되고 있다. 「2025년 노벨상 과학적 배경(Scientific background 2025)」 11쪽 그림 4. ⓒ 노벨위원회.

물론 아직 갈 길은 멉니다. 환자마다 자신의 조절 T세포를 채취해 증식해야 하는데, 이는 비용이 많이 들고 시간이 오래 걸립니다. 또 체내에 주입한 조절 T세포가 오래 살아남게 하는 방법을 찾아야 합니다. 주입한 세포가 금방 죽어 버리면 치료 효과가 오래 지속하지 않기 때문이죠. 조절 T세포를 원하는 장기로만 정확히 이동시키는 기술도 필요합니다.

하지만 과학자들은 낙관적입니다. 세 명의 노벨상 수상자가 열어 준 길을 따라, 전 세계 연구자들이 이 문제들을 하나씩 해결해 나가고 있으니까요.

조절 T세포 연구, 이제부터가 시작!

이런 문제들 외에, 조절 T세포 자체에 대해서도 아직 밝혀내야 할 것이 많이 남아 있습니다.

먼저 최근 연구에서 조절 T세포도 여러 종류가 있다는 것이 밝혀졌습니다. 흉선에서 태어나는 '자연 조절 T세포'가 있고, 몸 밖에서 필요에 따라 일반 T세포로부터 변환되는 '유도 조절 T세포'도 있습니다. 각각 어떤 역할을 하는지, 언제 필요한지 더 자세히 알아야 합니다.

더 흥미로운 사실도 발견됐습니다. 장에 있는 조절 T세포, 피부에 있는 조절 T세포, 지방조직에 있는 조절 T세포가 각각 조금씩 다른 특성과 기능을 가지고 있다는 것입니다. 예를 들어 장의 조절 T세포는 음식 항원이나 장내 세균에 대한 과민 반응을 막는 데 특화되어 있고, 피부의 조절 T세포는 상처 치유를 돕는 역할도 한다고 알려졌습니다. 이렇게 조직마다 다른 조절 T세포를 어떻게 활용할 수 있을지가 중요한 연구 주제입니다. 과학자들이 조절 T세포를 더 깊이 이해할수록, 더 효과적인 치료법을 만들 수 있을 것입니다.

2025년 노벨 생리의학상 수상자들의 발견은 면역학의 판도를 바꿨습니다. 면역계가 단순히 적을 공격하는 시스템이 아니라, 스스로를 조절하는 정교한 균형 시스템이라는 것을 보여 줬기 때문입니다. 특히 사카구치 교수의 발견은 당시의 통념에 도전하는 용기 있는 연구였습니다. 많은 과학자들이 회의적이었지만, 그는 자신의 데이터를 믿고 계속 연구했습니다. 브렁코 매니저와 램즈델 고문은 쉽지 않은 유전학 연구를 통해 조절 T세포의 비밀을 풀어냈습니다.

세 과학자가 연 여정은 이제 시작입니다. 언젠가는 자가 면역 질환으로 고통받는 환자들이 조절 T세포 치료로 건강을 되찾고, 장기 이식 환자들이 면역 억제제 없이도 편안하게 살 수 있는 날이 오기를 기대합니다.

"연결이 되지 않아 음성 사서함으로…" 노벨상 전화를 받지 못한 수상자들

매년 10월 첫째 주, 전 세계 과학자들은 잠 못 이루는 밤을 보냅니다. 바로 스웨덴에서 걸려올 '운명의 전화' 때문입니다. 노벨위원회는 수상자 발표 직전에 당사자에게 전화를 걸어 수상 소식을 알리는 전통이 있습니다. 그런데 2025년 노벨 생리의학상 발표 날, 스웨덴 카롤린스카 연구소의 전화기는 애타게 신호만 갈 뿐 연결되지 않았습니다. 올해 수상자로 선정된 세 명의 과학자 중 두 명과 연락이 되지 않았기 때문입니다.

우선 메리 브렁코 매니저는 스웨덴에서 걸려 온 낯선 번호를 보고 스팸 전화라 생각해 무시했다고 합니다. 통화가 되지 않자 노벨위원회는 음성 메시지를 남겼죠. 그는 노벨상 수상을 전혀 예상하지 못해, 남편이 수상 소식을 알렸을 때도 "터무니없는 소리 하지 말라"고 했다고 합니다.

프레드 램즈델 고문은 아예 연락이 불가능했습니다. 그는 평소 휴가 중에 전화기를 꺼 놓거나 비행기 모드로 설정해 놓고 연락을 받지 않는 습관이 있었는데, 마침 아내와 반려견 두 마리를 데리고 미국 로키산맥 일대를 여행 중이었습니다. 아이다호주, 와이오밍주, 몬태나주의 산악지대에서 3주간 캠핑과 하이킹을 즐기며

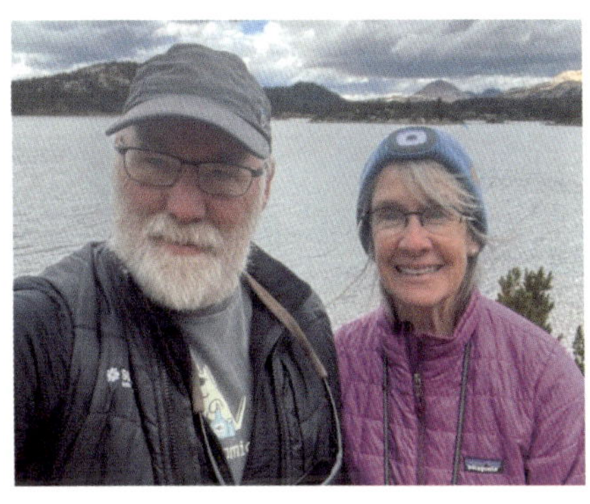

프레드 램즈델과 그의 아내 로라 오닐(Laura O'Neill). 2025년 노벨 생리의학상 수상 소식을 접한 직후 옐로스톤 국립공원에서 하이킹을 즐기고 있다. © 프레드 램즈델.

완벽한 '디지털 디톡스' 중이었죠.

결국 노벨위원회는 당사자에게 통보하지 못한 채 스웨덴 현지 시간으로 10월 6일 전 세계에 생중계로 수상자를 발표해야 했습니다. 연락 두절 상태가 이어지자 램즈델 고문의 소속 기관인 소노마 바이오테라퓨틱스 대변인은 기자들에게 "그는 전기도 통신도 연결되지 않는 곳에서 하이킹을 하며 최고의 삶을 즐기고 있다"고 설명했습니다.

그리고 미국 현지 시간으로 10월 6일 오후, 램즈델 고문은 옐로스톤 국립공원 근처 몬태나주의 한 캠핑장에 자신의 차를 주차했습니다. 바로 그때였습니다. 통화 불가능 지역에서 통화 가능 지역으로 들어오자, 아내의 전화기에 문자 메시지가 폭풍처럼 쏟아지기 시작했습니다. 아내는 "당신, 노벨상 받았대!"라고 소리쳤지만, 램즈델 고문은 "아닌데"라며 믿지 않았습니다. 그러자 아내는 "당신이 노벨상을 받았다는 문자 메시지가 200통이나 와 있다고!"라고 외쳤죠.

그제야 램즈델 고문은 자신의 전화를 확인했고, 새벽 2시부터 노벨위원회로부터 여러 차례 전화가 걸려 왔다는 사실을 알아차렸습니다. 이후 노벨위원회는 램즈델 고문과 통화를 시도한 지 무려 20시간 만에 연락에 성공했습니다. 토마스 페를만 노벨위원회 사무총장은 "2016년에 이 자리를 맡은 이후 수상자에게 연락하는 데 가장 큰 어려움을 겪었던 사례"라고 말했습니다.

사실 노벨상 수상자에게 연락이 닿지 않는 일은 생각보다 자주 일어납니다. 노벨상은 스웨덴 스톡홀름 시간으로 오전 11시 30분에 발표됩니다. 하지만 이 시간에 미국 서부는 한밤중이고, 동부도 새벽 5시 반입니다. 그래서 미국에 사는 과학자들은 밤중에 전화를 받게 되는데, 이것이 여러 해프닝을 낳곤 합니다.

2020년 노벨 경제학상을 받은 폴 밀그럼(Paul R. Milgrom) 교수가 그 주인공 중 한 명입니다. 새벽 2시, 곤

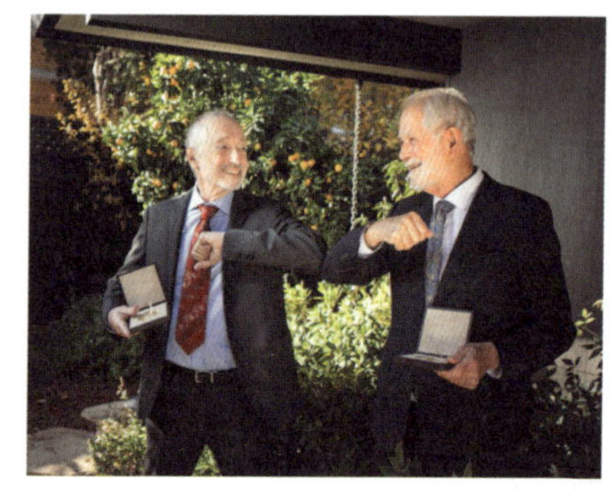

2020년 노벨 경제학상을 받은 폴 밀그럼 교수(좌)와 로버트 윌슨 © Elena Zhukova / Nobel Prize Outreach.

히 잠들어 있던 그의 집에 난데없이 초인종이 울렸습니다. 문을 두드린 사람은 바로 옆집에 사는 동료이자 공동 수상자인 로버트 윌슨(Robert B. Wilson) 교수였습니다. 밀그럼 교수가 전화를 받지 않자, 윌슨 교수가 잠옷 바람으로 달려가 현관문을 두드린 것이죠. 초인종 화면 속에 비친 윌슨 교수가 "폴! 자네 노벨상 받았어! 전화 좀 받아!"라고 외치는 장면은 그해 가장 따뜻한 뉴스로 화제가 되었습니다.

길을 걷다 지나가던 이웃의 축하로 수상 사실을 알게 된 수상자도 있었습니다. 2013년 노벨 물리학상을 수상한 피터 힉스(Peter Higgs) 교수인데요. 그는 수상자 발표 전부터 자신이 노벨상을 받을 거라고 거의 확신했습니다. 그가 예측한 '힉스 입자'가 실제로 발견됐기 때문입니다. 하지만 언론의 관심과 소란을 피하고 싶었던 힉스 교수는 휴대전화를 집에 두

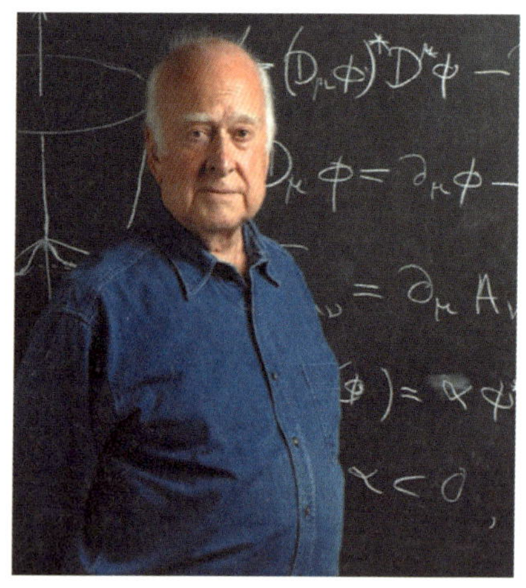

2013년 노벨 물리학상을 받은 피터 힉스 © 위키미디어.

고 점심 식사를 하러 외출했습니다. 노벨위원회는 발표 직전에 힉스 교수에게 연락을 시도했지만, 당연히 연락이 닿지 않았죠.

수상자가 발표될 무렵, 힉스 교수는 길을 걷던 중 우연히 차를 타고 지나가던 옛 이웃 주민을 만났습니다. 그가 차에서 내려 "축하한다"고 말하자, 힉스 교수는 "무슨 일이냐?"고 되물었고, 그제야 자신의 노벨상 수상 소식을 알게 되었습니다. 집으로 돌아온 그는 자신에게 온 수많은 축하 메시지들을 읽으며 공식적으로 수상 사실을 확인했습니다.

재미있는 건, 이들 중 누구도 노벨상 발표 날짜를 손꼽아 기다리며 전화기 앞을 지키지 않았다는 사실입니다. 램즈델 고문이 산을 오르고 힉스 교수가 밥을 먹으러 간 것처럼, 그들에게는 노벨상보다 오늘의 일상과 연구가 더 중요했는지도 모릅니다. 세상의 칭찬에 언연하지 않고 묵묵히 자신의 길을 걷는 것. 어쩌면 그 '무심한 열정'이야말로 이들을 노벨상으로 이끈 진짜 비결 아닐까요?

노벨 물리학상

《과학동아》 2025년 11월호 기획 기사 「세상에서 가장 쉬운 2025 노벨상 해설」

《과학동아》 2025년 11월호 기획 기사 「세상에서 가장 쉬운 2025 노벨상 해설」 중 "물리학상-양자 컴퓨터 시대의 기원을 열다"

《동아사이언스》 2025년 10월 6일 기사 「면역 세포의 정상세포 공격 막는 원리 찾은 미일 과학자 생리의학상(종합)」

《동아사이언스》 2025년 10월 7일 기사 「양자역학 100주년에 양자컴 토대 세운 과학자 3인 물리학상(종합)」

《동아사이언스》 2025년 10월 8일 기사 「상용화 앞둔 '기후위기' 해결사 개발 과학자 3명 화학상(종합)」

《연합뉴스》 2025년 10월 13일 기사 「노벨상 시즌 폐막…난치병·기후위기·권위주의 등 난제가 화두」

《한겨레》 2025년 9월 20일 기사 「나이 들수록 손톱 자라는 힘도 빠진다… 올해의 이그노벨상」

《한경MONEY》 2025년 12월 1일 기사 「양자 컴퓨팅에 대해 알아야 할 9가지」

『물리학백과』, 『천문학백과』, 『화학백과』, 『지식백과』 등

노벨위원회 공식 홈페이지(https://www.nobelprize.org) 및 보도자료

위키피디아(https://www.wikipedia.org/)

노벨 화학상

《네이처(Nature)》, "금속-유기 골격 연구의 30년 동향"

《뉴욕타임스(The New York Times)》, "금속-유기 골격체 설계자들에게 노벨 화학상 수여"

《사이언스(Science)》, "희박한 공기에서 물을 끌어내는 장치"

《케미스트리 월드(Chemistry World)》, "금속-유기 구조의 선구자들이 노벨상을 수상한 이유"

https://news.berkeley.edu/2025/10/08/uc-berkeleys-omar-yaghi-shares-2025-nobel-prize-in-chemistry/

https://pursuit.unimelb.edu.au/articles/The-Nobel-prize-winner-who-built-a-whole-new-field-of-chemistry

https://www.chemistryworld.com/features/how-the-pioneers-of-metal-organic-frameworks-won-the-nobel-prize/4022318.article

https://www.nature.com/collections/cjdfehjagc

https://www.nobelprize.org/prizes/chemistry/2025/press-release/

https://www.nytimes.com/2025/10/08/science/nobel-prize-chemistry.html

https://www.science.org/content/article/devices-pull-water-out-thin-air-poised-take

UC 버클리, 노벨상 수상자 오마르 M. 야기 인터뷰

멜버른대학, 노벨상 수상자 롭슨 교수 인터뷰

스웨덴 왕립 과학 아카데미, 「2025년 노벨 화학상 보도자료」

노벨 생리의학상

Bennett CL, et al. The immune dysregulation, polyendocrinopathy, enteropathy, X-linked syndrome (IPEX) is caused by mutations of FOXP3. *Nat Genet*. 2001:27:20-21.

Brunkow ME, et al. Disruption of a new forkhead/winged-helix protein, scurfin, results in the fatal lymphoproliferative disorder of the scurfy mouse. *Nat Genet*. 2001;27:20-21.

Hori S, et al. Control of regulatory T cell development by the transcription factor Foxp3. *Science*. 2003:299:1057-1061.

https://www.donga.com/news/Inter/article/all/20251008/132525104/1

https://www.nobelprize.org/prizes/medicine/2025/press-release/

Sakaguchi S, et al. Immunologic self-tolerance maintained by activated T cells expressing IL-2 receptor a-chains (CD25). Breakdown of a single mechanism of self-tolerance causes various autoimmune diseases. *J Immunol*. 1995:155:1151-1164.

Vignali, D., Collison, L. & Workman, C. How regulatory T cells work. *Nat Rev Immunol*. 2008:8:523-532.

Wildin RS, et al. X-linked neonatal diabetes mellitus, enteropathy and endocrinopathy syndrome is the human equivalent of mouse scurfy. *Nat Genet*. 2001;27:18-20.

스웨덴 왕립 과학 아카데미, 2025년 노벨 생리의학상 보도자료

《동아일보》 노벨상 수상 램스델, '디지털 디톡스'에 연락두절…다음날에야 소식 들어

NAT·
MDCCC
XXXIII
OB·
MDCCC
XCVI
ALFR·
NOBEL
Nobel Prize 2025